上海市工程建设规范

民用建筑水灭火系统设计标准

Standard for design of water extinguishing system of civil buildings

DG/TJ 08—94—2024
J 11056—2024

主编单位：华东建筑设计研究院有限公司
批准部门：上海市住房和城乡建设管理委员会
施行日期：2024 年 10 月 1 日

U0348465

同济大学出版社

2024 上海

图书在版编目(CIP)数据

民用建筑水灭火系统设计标准 / 华东建筑设计研究院有限公司主编. --上海:同济大学出版社,2024.
12. -- ISBN 978-7-5765-1397-4

Ⅰ. TU998.13-65

中国国家版本馆 CIP 数据核字第 2024RT8384 号

民用建筑水灭火系统设计标准

华东建筑设计研究院有限公司　主编

责任编辑　朱　勇　陆克丽霞
责任校对　徐春莲
封面设计　陈益平

出版发行　同济大学出版社　　www.tongjipress.com.cn
　　　　　(地址:上海市四平路 1239 号　邮编:200092　电话:021-65985622)

经　　销　全国各地新华书店
印　　刷　浦江求真印务有限公司
开　　本　889mm×1194mm　1/32
印　　张　3.375
字　　数　85 000
版　　次　2024 年 12 月第 1 版
印　　次　2024 年 12 月第 1 次印刷
书　　号　ISBN 978-7-5765-1397-4
定　　价　40.00 元

上海市住房和城乡建设管理委员会文件

沪建标定〔2024〕214 号

上海市住房和城乡建设管理委员会关于批准
《民用建筑水灭火系统设计标准》为
上海市工程建设规范的通知

各有关单位：

由华东建筑设计研究院有限公司主编的《民用建筑水灭火系统设计标准》，经我委审核，现批准为上海市工程建设规范，统一编号为 DG/TJ 08—94—2024，自 2024 年 10 月 1 日起实施。原《民用建筑水灭火系统设计规程》(DGJ 08—94—2007)同时废止。

本标准由上海市住房和城乡建设管理委员会负责管理，华东建筑设计研究院有限公司负责解释。

特此通知。

上海市住房和城乡建设管理委员会

2024 年 4 月 30 日

前　言

根据上海市住房和城乡建设管理委员会《关于印发〈2021 年上海市工程建设规范、建筑标准设计编制计划〉的通知》(沪建标定〔2020〕771 号),华东建筑设计研究院有限公司会同相关单位对《民用建筑水灭火系统设计规程》DGJ 08—94—2007 进行修订。编制组经广泛调查研究,认真总结实践经验,参照国内外相关标准和规范,并在反复征求意见的基础上,修订形成本标准。

本标准的主要内容包括:总则;术语与符号;设置范围;消防给水;消火栓系统;自动喷水灭火系统;自动跟踪定位射流灭火系统;其他灭火系统及装置。

本次修订的主要内容有:

1. 细化了水灭火系统、其他灭火系统及装置的设置范围。

2. 增加了压缩空气泡沫消火栓系统。

3. 增加了氮气灭火系统。

4. 增加了探火管灭火装置。

5. 增加了超细干粉自动灭火装置。

各单位及相关人员在执行本标准过程中,如有意见和建议,请反馈至上海市住房和城乡建设管理委员会(地址:上海市大沽路 100 号;邮编:200003;E-mail:shjsbzgl@163.com),华东建筑设计研究院有限公司(地址:上海市中山南路 1799 号世博滨江大厦;邮编:200011;E-mail:mhss_ecadi@163.com),上海市建筑建材业市场管理总站(地址:上海市小木桥路 683 号;邮编:200032;E-mail:shgcbz@163.com),以供今后修订时参考。

主 编 单 位:华东建筑设计研究院有限公司
参 编 单 位:上海市消防救援总队

上海建筑设计研究院有限公司

主要起草人:徐 扬 杨 波 徐 凤 王 薇 王华星

李云贺 赵 俊 张 亮 周 湧 邓 清

赵华亮 朱家真 吴 亮 殷颖智 党 杰

陶观楚 曹晴烨 金 怡 邢 利 周之瑜

孟 岚 冯静慧 张永丰

主要审查人:归谈纯 杨丙杰 张锦冈 李中一 马 哲

李 旻 杨浩俊

上海市建筑建材业市场管理总站

目 次

Contents

1 总 则

1.0.1 为规范民用建筑水灭火系统设计,确保人身和财产安全、技术先进、经济合理,结合本市的特点和消防灭火装备的配备情况,制定本标准。

1.0.2 本标准适用于本市民用建筑新建、改建、扩建建设工程和装饰装修工程的水灭火系统和其他灭火系统及装置(氮气灭火系统、探火管灭火装置和超细干粉自动灭火装置)的设计。

1.0.3 民用建筑水灭火系统的设计应根据建筑的用途及重要性、火灾危险性、火灾特性及环境条件等因素综合确定,并应积极、合理地采用先进技术、先进工艺、先进设备和新型材料。

1.0.4 除本标准另有规定和不宜用水保护或灭火的场所外,民用建筑灭火系统设计应优先使用水灭火系统。

1.0.5 民用建筑水灭火系统组件应符合国家现行相关产品标准的要求。

1.0.6 民用建筑水灭火系统的设计除应符合本标准外,尚应符合国家、行业和本市现行有关标准的规定。

2 术语与符号

2.1 术 语

2.1.1 压缩空气泡沫消火栓系统 compressed air foam hydrant system

通过机械方式将压缩空气与泡沫液混合,由消防车通过专用水泵接合器或由固定式压缩空气泡沫灭火装置向专用消防供水立管供水的灭火系统。

2.1.2 简易自动喷水灭火系统 simple sprinkler systems

由洒水喷头、水流报警装置等组件,以及管道、供水设施组成,与室内消火栓系统、市政或室内给水管网连接,能在发生火灾时喷水控火的湿式自动喷水灭火系统。

2.1.3 氮气灭火剂 nitrogen fire extinguishing agent

由 100%的氮气(N_2)组成的气体灭火剂,又称 IG-100。

2.1.4 氮气灭火系统 nitrogen fire extinguishing system

按一定的应用条件进行设计计算,将氮气灭火剂从储存装置经由阀门、管道和喷嘴释放到防护区实施灭火的系统,又称 IG-100 灭火系统。

2.1.5 探火管 fire detection tube

可自动探测火灾、传递火灾信息、启动灭火装置并能输送灭火剂的充压非金属软管。

2.1.6 探火管灭火装置 extinguishing equipment with fire detection tube

采用探火管探测火灾并能自动启动的预制灭火装置。

2.2 符 号

A_x——泄压口面积；

C——灭火剂设计浓度；

C_P——干粉设计灭火浓度；

D_n——配管的内径；

K——喷头流量系数；

K_H——海拔高度修正系数；

L_n——配管的长度；

M——灭火剂设计总量；

M_A——灭火剂设计基本用量；

M_B——喷放后配管内灭火剂剩余量；

M_C——喷放后钢瓶内灭火剂剩余量；

M_P——单具超细干粉自动灭火装置的充装量；

N——喷头数量；

N_P——超细干粉自动灭火装置的配置数量；

P_y——防护区围护结构承受内压的允许压强；

Q——喷射强度；

Q_i——单个喷头的设计流量；

Q_y——防护区灭火剂的平均喷放速率；

S——过热蒸汽比容；

S_{20}——20℃时灭火剂比容；

T——防护区内预期最低环境温度；

t——喷射时间；

V——防护区净容积；

V_L——保护对象的计算体积。

3 设置范围

3.1 消火栓给水系统

3.1.1 下列建筑或场所应设置室外消火栓系统:

1 居住人数大于 500 人或建筑层数大于 2 层的居住区。

2 建筑占地面积大于 300 m² 的民用建筑。

3 公共建筑。

4 汽车库、修车库、停车场。

5 用于消防救援和消防车停靠的场地。

3.1.2 下列建筑或场所应设置室内消火栓系统:

1 高层公共建筑,建筑高度大于 21 m 的住宅建筑。

2 建筑体积大于 5 000 m³ 的下列单、多层建筑:车站、码头、机场的候车(船、机)建筑,展览、商店、旅馆和医疗建筑,儿童活动场所,老年人照料设施和残疾人康复训练设施,档案馆,图书馆。

3 特等和甲等剧场,座位数大于 800 个的乙等剧场,座位数大于 800 个的电影院,座位数大于 1 200 个的礼堂(报告厅),座位数大于 1 200 个的体育馆等建筑。

4 建筑高度大于 15 m 或建筑体积大于 10 000 m³ 的办公建筑、教学建筑及其他单、多层民用建筑。

5 建筑面积大于 300 m² 的汽车库和修车库。

6 建筑面积大于 300 m² 且平时使用的人民防空工程。

3.1.3 近现代文物建筑和优秀历史建筑宜设置室内消火栓系统。

3.1.4 下列建筑或场所应设置消防软管卷盘或轻便消防水龙:

1 人员密集的公共建筑。

2 建筑高度大于 100 m 的民用建筑。

3 一类高层民用建筑的商业楼、展览楼、综合楼、住宅建筑公共部位。

4 设有风管的空气调节系统的商场、旅馆、办公楼。

5 儿童活动场所、老年人照料设施、残疾人康复训练设施。

6 建筑面积大于 200 m^2 的商业服务网点。

7 大于 1 500 个座位的剧院、会堂的观众厅。

8 建筑内部设置的检修马道。

9 城市综合体。

10 文物建筑和优秀历史建筑。

11 展览建筑。

12 电动自行车停车库。

3.1.5 10 层及以上或建筑高度超过 27 m 的住宅建筑,户内生活给水管道上宜设轻便消防水龙,其他住宅建筑户内宜预留轻便消防水龙接口。

3.1.6 建筑高度大于 150 m 的公共建筑,其塔楼宜设置压缩空气泡沫消火栓系统。建筑高度大于 250 m 的公共建筑,其塔楼应设置压缩空气泡沫消火栓系统。

3.2 自动喷水灭火系统

3.2.1 除本标准另有规定和不宜用水保护或灭火的场所外,住宅建筑当符合下列情况之一时,应设置湿式系统:

1 当设有风管集中空调系统,风管穿越户与户之间隔墙时,住宅的所有部位。

2 建筑高度 100 m 及以上住宅建筑的所有部位。

3 10 层及以上或建筑高度超过 27 m 且不超过 100 m 的住宅建筑,其每层的公共部位。

3.2.2 老旧住宅消防改造时,宜在公共部位增设自动喷水灭火系统;确有困难的,可设置局部应用系统。

3.2.3 除本标准另有规定和不宜用水保护或灭火的场所外,办公建筑、电信楼、财贸金融楼、广播电视楼、电力调度楼、邮政楼、防灾指挥调度楼、图书馆、书库、科研楼、档案楼、教学楼及类似功能建筑,当符合下列情况之一时,应设置湿式系统:

   1 高层建筑。

   2 设置送回风道(管)的集中空气调节系统且总建筑面积大于 1 000 m² 的单、多层建筑。

   3 邮政楼中建筑面积大于 500 m² 的邮袋库、市级邮政楼的信函和包裹分检间及邮袋库;建筑面积大于 500 m² 快递配送站、分拣站。

   4 藏书量超过 50 万册的图书馆。

3.2.4 除本标准第 3.2.3 条外的多层办公及类似功能建筑,当建筑面积大于 300 m² 但小于或等于 1 000 m² 且设有送回风道(管)的集中空气调节系统时,其办公室和公共部位应设置自动喷水局部应用系统。

3.2.5 除本标准另有规定和不宜用水保护或灭火的场所外,商场、超市、商店、商业服务网点和市场建筑及部位,当符合下列情况之一时,应设置湿式系统:

   1 当其为高层建筑和高层底部的商业营业厅时,其建筑及裙房的所有部位。

   2 当其为设有送回风道(管)的集中空气调节系统的多层建筑时,其所有部位。

   3 当其建筑面积大于 1 000 m² 时,其所有部位。

   4 总建筑面积大于 500 m² 的地下或半地下商店。

   5 有顶步行街两侧的商铺及每层回廊。

3.2.6 除本标准第 3.2.5 条外的商场、超市、商店和市场建筑及部位,当符合下列情况之一时,应设置自动喷水局部应用系统:

   1 当建筑面积大于 300 m² 但小于或等于 1 000 m² 时,其所有部位。

2 总建筑面积大于 200 m² 但小于或等于 500 m² 的地下或半地下商店。

3 用风雨棚连接的多个市场的占地面积大于 3 000 m² 且每个市场的面积小于或等于 1 000 m² 的集贸市场和批发市场。

注：单纯经营石材、金属器具等不燃材料的市场，当一个防火分区面积不大于 5 000 m² 时，可除外。

3.2.7 建筑面积 300 m² 及以下的易燃易爆化学物品（除遇水易爆化学品外）、塑料、纸张、木材、布匹等可燃物集中的商店（包括配套库房），宜设置自动喷水灭火系统。当确有困难时，应设置简易自动喷水灭火系统。

3.2.8 设置在地下、半地下或地上四层及以上楼层的歌舞娱乐放映游艺场所（除滑雪场所滑道区、游泳场所、溜冰场外）、剧本娱乐活动场所，设置在首层、二层和三层且任一层建筑面积大于 300 m² 的地上歌舞娱乐放映游艺场所（除滑雪场所滑道区、游泳场所、溜冰场外）、剧本娱乐活动场所，应设置湿式系统。

3.2.9 除本标准第 3.2.8 条外的歌舞娱乐放映游艺场所（除滑雪场所滑道区、游泳场所、溜冰场外）、剧本娱乐活动场所，应设置简易自动喷水灭火系统。

3.2.10 除本标准另有规定和不宜用水保护或灭火的场所外，旅馆和宾馆建筑当符合下列情况之一时，应设置湿式系统：

1 高层建筑和设有送回风道（管）的集中空气调节系统的多层建筑旅馆和宾馆及其裙房。

2 任一层建筑面积大于 1 500 m² 或总建筑面积大于 3 000 m² 的单、多层旅馆和宾馆。

3.2.11 除本标准另有规定和不宜用水保护或灭火的场所外，展览楼、展览馆及展览大厅当符合下列情况之一时，应设置湿式系统：

1 设有送回风道（管）的集中空气调节系统。

2 任一层建筑面积大于 1 500 m² 或总建筑面积大于

3 000 m²。

3.2.12 餐厅、酒吧、咖啡厅等餐饮场所(学生和职工食堂除外),当建筑面积大于 1 000 m² 时应设置湿式系统;当建筑面积大于 300 m² 且不大于 1 000 m² 时应设置自动喷水局部应用系统。

3.2.13 除本标准另有规定和不宜用水保护或灭火的场所外,任一楼层建筑面积大于 1 500 m² 的或总建筑面积大于 3 000 m² 的医疗卫生建筑和疗养院应设置湿式系统。

3.2.14 除本标准另有规定和不宜用水保护或灭火的场所外,当车站、码头、机场的候车(船、机)楼设有送回风道(管)的集中空气调节系统且总建筑面积大于 3 000 m² 时,应设置湿式系统。

3.2.15 除本标准另有规定和不宜用水保护或灭火的场所外,大、中型幼儿园(托儿所),老年人照料设施和残疾人康复训练设施的所有部位,应设置湿式系统。

3.2.16 除本标准另有规定和不宜用水保护或灭火的场所外,大于 5 层或者体积大于 10 000 m³,且设有送回风道(管)的集中空气调节系统的宿舍应设置湿式系统。

3.2.17 除不宜用水保护或灭火的场所外,当文物建筑和优秀历史建筑为公共建筑时,应设置湿式系统;当其为住宅建筑时,其公共部位宜设置湿式系统。

3.2.18 除不宜用水保护或灭火的场所外,建筑面积大于 1 000 m² 的地下工程、建筑面积大于 1 000 m² 且平时使用的人民防空工程应设置湿式系统。

3.2.19 除敞开式汽车库可不设置自动灭火设施外,Ⅰ、Ⅱ、Ⅲ类地上汽车库,停车数大于 10 辆的地下或半地下汽车库、机械式汽车库,采用汽车专用升降机作汽车疏散出口的汽车库,Ⅰ类的机动修车库应设置湿式系统。

3.2.20 剧场的自动喷水灭火系统设置应符合下列规定:

1 特等和甲等剧场,座位数大于 1 500 个的乙等剧场,位于地下或半地下且座位数大于 800 个的剧场,或设有风管的集中空气调节系统剧院的观众厅、观众等候区(前厅)和人员休息厅、化妆室、道具室、储藏室、贵宾室、办公室、走道、空调机房和吊顶夹层内等部位应设置湿式系统。

　　2　特等和甲等剧场,座位数大于1 500个的乙等剧场舞台的葡萄架下部和设葡萄架的排练厅应设置雨淋系统。

　　3　特等和甲等剧场,座位数大于1 500个的乙等剧场、高层民用建筑内超过800个座位的剧场的舞台口,舞台相连的侧台、后台的门窗洞口(设有防火门和防火幕的除外)以及人防工程中舞台使用面积大于200 m² 时观众厅与舞台之间的台口应设置水幕系统。

3.2.21　会堂、礼堂和演播室、电影院(摄影棚)的自动喷水灭火系统设置应符合下列规定:

　　1　大于2 000个座位、位于地下或半地下且座位数大于800个座位和人防工程中大于300个座位的会堂、礼堂和电影院的会场、观众厅、储藏室、贵宾室、办公室、走道和空调机房应设置湿式系统。

　　2　大于2 000个座位的会堂、礼堂的舞台葡萄架下部、建筑面积大于或等于400 m² 的演播室以及建筑面积大于或等于500 m² 的电影摄影棚应设置雨淋系统。

　　3　大于2 000个座位的会堂、礼堂,高层建筑中大于800个座位和人防工程中舞台使用面积大于200 m² 的礼堂舞台口,以及与舞台相连的侧台,后台的门窗洞口(设有防火门和防火幕的除外)应设置水幕系统。

3.2.22　除本标准另有规定和不宜用水保护或灭火的场所外,体育馆、体育场当符合下列情况之一时,其所有部位应设置湿式系统:

　　1　建筑高度不大于18 m,且座位数大于3 000个的体育馆。

　　2　座位数大于5 000个的体育场的室内人员休息室与器材间等。

3.2.23　不做防火涂料或防火板保护的下列部位或场所的屋顶

金属承重结构应设置湿式系统：

    1 大于 800 个座位的剧院。

    2 大于 2 000 个座位的会堂。

    3 大于 3 000 个座位的体育馆(游泳馆除外)。

    4 单、多层重要的公共建筑。

    5 高层建筑及其裙房。

    6 中庭。

3.2.24 当封闭楼梯间和防烟楼梯间内采用不设外包敷不燃烧体或不喷涂防火涂料的金属楼梯时,其钢结构和楼梯间应设置湿式系统或自动喷水局部应用系统。

3.2.25 当建筑内其他部位设置自动喷水灭火系统时,燃油(气)锅炉房、柴油发电机房、直燃式机组机房、分布供能站等机房内及日用油箱间应设置自动喷水灭火系统。

3.2.26 应设防火墙等防火分隔物而无法设置的尺寸小于或等于 15 m(宽)×8 m(高)的开口(舞台口除外)部位应设置防火分隔水幕;需要冷却保护的防火卷帘、防火玻璃墙等防火分隔设施上部应设置防护冷却水幕或者防护冷却系统。

3.2.27 未设置自动喷水灭火系统的下列场所,应设置简易自动喷水灭火系统：

    1 单栋农家乐(民宿)建筑客房数量超过 14 间或同时用餐、休闲娱乐人数超过 40 人的场所。

    2 小型幼儿园、托育场所。

3.2.28 设置自动喷水灭火系统中的所有部位当符合下列情况下时,其局部部位可不设置喷头：

    1 不宜用水扑救(保护或灭火)的部位。

    2 建筑内的游泳池、浴池、淋浴间、溜冰场等场所的正上方。

    3 建筑高度 250 m 及以下建筑中,建筑面积小于或等于 3 m² ,且无可燃物的管道井。

3.3 自动跟踪定位射流灭火系统

3.3.1 自动跟踪定位射流灭火系统可用于扑救民用建筑火灾类别为 A 类的下列场所：

1 净空高度大于 18 m。

2 净空高度大于 12 m 且小于 18 m，设置自动喷水灭火系统确有困难的高大空间场所。

3.3.2 自动跟踪定位射流灭火系统不应用于下列场所：

1 经常有明火作业。

2 不适宜用水保护。

3 存在明显遮挡。

4 火灾水平蔓延速度快。

5 火灾危险等级为现行国家标准《自动喷水灭火系统设计规范》GB 50084 规定的严重危险级。

3.4 其他灭火系统及装置

3.4.1 建筑内不适合用水扑救的部位，可采用气体、干粉等灭火设施。

3.4.2 下列场所应设置自动灭火系统，并宜采用气体灭火系统：

1 市级广播电视发射塔内的微波机房、分米波机房、米波机房、变配电室和不间断电源（UPS）室。

2 国际电信局、大区中心、市中心和 1 万路以上长途程控交换机房、控制室和信令转接点室。

3 2 万线以上的市话汇接局和 6 万门以上的市话端局内的程控交换机房、控制室和信令转接点室。

4 市级公安、防灾和网局级及以上的电力等调度指挥中心内的通信机房和控制室。

5 A、B级电子信息系统机房内的主机房和基本工作间的已记录磁(纸)介质库。

6 市级广播电视中心内建筑面积不小于 120 m² 的音像制品库房。

7 市级或藏书量超过 100 万册的图书馆内的特藏库;市级档案馆内的珍藏库和非纸质档案库;大、中型博物馆内的珍品库房;一级纸绢质文物的陈列室;医疗建筑中的病史档案室。

8 医院建筑中的影像中心机房、核医学科机房和放射治疗机房等。

9 其他特殊重要设备室。

3.4.3 下列场所或设备可设置探火管灭火装置:

1 通信、安保机房内的信息机柜。

2 强、弱电机房内的变配电柜、电梯设备控制柜。

3 其他需要重点防护的机柜、设备。

3.4.4 高层建筑的强弱电间、电梯机房,可设置超细干粉自动灭火装置。

4 消防给水

4.1 一般规定

4.1.1 消防用水可由城镇给水管网（包括自备水源的给水管网）、天然水源或消防水池供给，宜采用城镇给水管网供水。

4.1.2 室内消防给水系统应与生活、生产给水系统分开设置。

4.1.3 当小区的室外生活、消防合用管道时，设计流量计算应符合现行国家标准《建筑给水排水设计标准》GB 50015 的相关规定。

4.1.4 室外消防给水引入管管径应经过计算确定，流速不宜大于 2.50 m/s。

4.2 消防水源

4.2.1 消防给水水源宜由城镇给水管网两路供水。两路供水所需水量、流量、水压和可靠性应满足水消防系统在设计持续供水时间内的要求。

4.2.2 符合下列情况之一的建筑应设消防水池：

   1 当生产、生活用水量达到最大时，城镇给水管道、进水管或天然水源、其他水源不能满足室内、室外消防用水量。

   2 城镇给水管道为枝状或仅有一条引入管，车库建筑的室外消火栓用水量大于 15 L/s，其他建筑的室外消火栓用水量大于 20 L/s 或建筑高度大于 50 m。

   3 建筑高度大于 100 m 或单座建筑面积大于 500 000 m²。

4.2.3 当天然水源同时满足下列条件时，可作为室外消火栓消防水源：

    1 天然水源取水口距离被保护建筑外墙不宜大于 150 m。

    2 设计枯水流量和水位的年保证率不应小于 97%。

    3 有可靠的取水场地及取水设施。

    4 消防车取水时最大吸水高度应小于或等于 6.00 m。

4.2.4 高位消防水箱的有效容积设计应符合现行国家标准《消防给水及消火栓系统技术规范》GB 50974 及表 4.2.4 的规定。

表 4.2.4   民用建筑高位消防水箱最小有效容积

建筑分类	建筑高度(或体积、总建筑面积)	最小有效容积(m³)
一类高层公共建筑	≤100 m	36
	>100 m，且≤150 m	50
	>150 m	100
二类高层公共建筑、多层公共建筑	—	18
一类高层住宅建筑	>54 m，且≤100 m	18
	>100 m	36
二类高层住宅建筑	>27 m，且≤54 m	12
多层住宅建筑	>21 m，且≤27 m	6
商店建筑	>3 000 m²，且<30 000 m²	36
	≥30 000 m²	50

注：当商业设于一类高层公共建筑内时，高位消防水箱最小有效容积应取其较大值。

4.2.5   消防水池（箱）应设就地水位显示、溢流、缺水水位报警装置，并应在火灾自动报警系统主机上同时显示和报警。

4.2.6   消防水泵、消防水池（箱）及消防水泵房的设计应符合现行国家标准《消防设施通用规范》GB 55036、《消防给水及消火栓系统技术规范》GB 50974 的规定。

4.2.7   当室内消防给水系统竖向分区供水时，宜对各分区分别独立设置水泵接合器。小于或等于消防车供水高度的分区，当采用减压阀组分区时,可仅在高区消防给水系统的干管上设置水泵接合器。超过消防车供水高度的分区,应在设备层等方便操作的地点设置手抬泵或移动泵接力供水的吸水接口和出水接口。吸水接口和出水接口均应设置永久性固定标志。

4.2.8 水泵接合器应采用地上式或侧墙式。建筑外墙设置有玻璃幕墙或采用火灾时可能脱落的墙体装饰材料或构造时,水泵接合器应设置在距离建筑外墙有一定距离且相对安全的位置或采取安全防护措施。

4.2.9 水泵接合器应设置在每栋建筑附近。当多栋建筑合用临时高压消防给水系统时,相邻建筑水泵接合器可合用。每个消防给水系统设置消防水泵接合器数量应满足设计流量的要求。

4.2.10 水泵接合器应设置永久性固定标志,并标明供水系统名称、供水范围(包括供水服务建筑)和额定压力。

4.3 消防用水量

4.3.1 民用建筑的消防用水总量应按火灾次数设计,同一时间内一次消防用水量应按最大一座建筑物的室内、室外消防用水量之和计算。成组布置的建筑物,应按相邻两座最大建筑物体积之和确定室外消火栓设计流量。

4.3.2 室外消防用水量应为建筑在室外设置的各种灭火系统需要同时开启的系统设计流量之和。室内消防用水量应为建筑室内设置的消火栓、自动喷水、水喷雾、自动跟踪定位射流、泡沫等灭火系统需要同时开启的系统设计流量之和。两座及以上建筑合用消防给水系统时,应取最大者。

4.3.3 当单座建筑的总建筑面积大于 500 000 m² 时,室外消火栓设计流量应按本标准表 5.2.1 规定的最大值增加 1 倍;当公共建筑物、联体建筑群等共用一套消防给水系统时,其保护的总建筑面积不应大于 500 000 m²。

4.4 系统形式

4.4.1 室内消火栓给水系统宜与自动喷水灭火系统的管网分开设置。确有困难时,二类高层建筑及单、多层建筑可合用消防泵,但管网应在自动喷水灭火系统的报警阀前(沿水流方向)分开。

4.4.2 消火栓给水系统与自动喷水灭火系统的消防稳压泵不得合用(合用消防泵的除外)。

4.4.3 当建筑高度小于或等于 120 m 时,消防给水竖向分区宜采用减压阀分区、消防泵并联分区给水系统。

4.4.4 当建筑高度大于 120 m 且小于或等于 250 m 时,消防给水竖向分区宜采用消防水泵串联或减压水箱分区供水形式。

4.4.5 当建筑高度大于 250 m 时,室内消防给水系统应采用高位消防水池和地面(地下)消防水池供水形式。

4.4.6 采用消防水泵串联或减压水箱分区供水时,应符合下列规定:

 1 各级系统应设中间转输水箱、分区高位消防水箱或减压水箱。

 2 采用消防水泵直接串联的给水系统,中间高位消防水箱的有效容积不应小于 18 m³;采用中间水箱转输的消防水泵串联给水系统,中间转输水箱的有效容积不应小于 60 m³,转输水箱可同时作为下级高位消防水箱。

 3 采用消防水泵直接串联的给水系统,应采取确保供水可靠性的措施;室内消火栓给水系统和自动喷水灭火系统应分别设置转输泵。

 4 采用中间水箱转输的串联消防泵给水系统,转输泵的设置位置应依据消防车的供水高度、避难层的位置、管材、阀门能承受的压力等综合确定。消防转输泵应独立设置,转输水量不应小于建筑内需同时开启的水灭火系统的流量之和;室内消火栓给水系统和自动喷水灭火系统的消防转输泵可合并设置,并应设置备用泵,备用泵流量不应小于最大一台转输泵的流量。

5 转输给水管不应少于2条,管径应按需同时开启的水灭火系统的流量之和确定。

6 中间水箱的溢流管应采用间接排水;非消防状态下,中间水箱可由生活给水系统补水,生活补水管应设置防回流污染措施。

7 采用减压水箱分区供水形式,减压水箱之间的设置高度不应大于200 m;减压水箱进水管上宜设置可紧急关闭的阀门;当采用减压阀减压分区时,应采取减压阀失效后的安全措施。

8 采用减压水箱分区供水形式,消防减压水箱应分为2格;减压水箱应有2条进水管和出水管,每条进、出水管应满足消防给水系统所需消防用水量的要求。

9 手抬泵吸水接管和出水接管接口的设置位置应根据消防车实际垂直供水高度确定。

4.4.7 采用高压消防给水系统时,应符合下列规定:

1 室内消防给水系统应采用高位消防水池和地面(地下)消防水池联合供水形式;高位消防水池、地面(地下)消防水池的有效容积应分别满足火灾延续时间内的全部消防用水量。

2 高位消防水池(箱)设置位置应高于其所服务的水灭火设施。

3 不能满足消防给水流量和压力要求的楼层,应设置临时高压消防给水系统。高位消防水箱的有效容积应按临时高压消防给水系统服务区段建筑功能及供水高度确定。

4 高压消防给水系统的高位消防水池应设置专用消防转输水泵,消防转输泵、转输给水管及溢流管的要求应符合本标准第4.4.6条第4、5、6款的规定。

5 减压水箱、供水管道和阀门设置、手抬泵设置应符合本标准第4.4.6条第7、8、9款的规定。

4.4.8 采用减压阀分区的消防给水系统,应符合下列规定:

1 消防给水系统应在两根供水干管上分设减压阀,每组减压阀宜设备用。

2 各区可合用消防高位水箱和水泵接合器。

3 当建筑高度小于或等于 100 m 时,减压阀可采用比例式或可调式;当建筑高度大于 100 m 时,减压阀宜采用可调式,串联减压阀应采用不同类型的减压阀。

4 减压阀的减压比不宜大于 3∶1。当减压阀串联时,串联减压不应大于两级,并应按其中一个失效情况下核算阀后最高系统工作压力;减压阀后应设置电接点远传压力表,在消防控制中心显示系统压力,并在减压阀失效时报警且显示其位置。

5 消火栓系统

5.1 一般规定

5.1.1 室内、室外消火栓系统均采用临时高压系统时,可合用供水系统。

5.1.2 室外消火栓给水系统采用临时高压系统时,宜采用室外消火栓稳压设备维持系统的充水和压力。

5.2 消火栓用水量

5.2.1 建筑物一次灭火的室外消火栓设计流量,应符合表 5.2.1 的规定。

表 5.2.1 建筑物室外消火栓设计流量(L/s)

耐火等级	建筑物类别	建筑物体积(m³)					
		$V \leqslant 1\,500$	$1\,500 < V \leqslant 3\,000$	$3\,000 < V \leqslant 5\,000$	$5\,000 < V \leqslant 20\,000$	$20\,000 < V \leqslant 50\,000$	$V > 50\,000$
一、二级	单层及多层建筑	15			25	30	40
	高层建筑	—			25	30	40
	住宅	15					
三级	公共建筑	15	20	25	30		—
四级	公共建筑	15	20	25		—	
一、二级	地下建筑、平战结合的人防工程	15			20	25	30

耐火等级	建筑物类别	分类	设计流量
一、二、三级	汽车库、修车库、停车场	Ⅰ、Ⅱ类	20
		Ⅲ类	15
		Ⅳ类	10
耐火等级	建筑物类别	等级	设计流量
一、二级	电动自行车停车库	大型(停车数>400辆)	20
		中型(停车数201辆～400辆)	15
		小型(停车数11辆～200辆)	10

注：1 附属在民用建筑内的具有平战结合功能的人防工程，其室外消火栓设计流量应按民用建筑和人防工程分别计算设计流量并取大值确定。
　　2 宿舍、公寓等非住宅类居住建筑的室外消火栓设计流量，应按本表中的公共建筑确定。
　　3 附建在地下建筑内的汽车库和修车库，其室外消火栓设计流量应按汽车库和地下建筑分别计算设计流量并取大值确定。
　　4 当建筑地下室不仅有汽车库，还有商业等其他功能时，应计算地下室总体积并按汽车库和地下建筑分别计算设计流量并取较大值确定。

5.2.2 建筑的消防用水量应按一次火灾室内外消防用水量计算确定。其一次火灾的延续时间应符合表5.2.2的规定。

表 5.2.2 不同类型建筑物及灭火系统类型的火灾延续时间

灭火系统类型	建筑物名称		火灾延续时间(h)
消火栓给水系统	高层建筑中的商业楼、展览楼、综合楼、建筑高度大于50 m的财贸金融楼、图书馆、书库、重要的档案楼、科研楼、高级宾馆、医院、邮政楼等		3
	住宅及其他公共建筑		2
	人防工程	建筑面积小于3 000 m²	1
		建筑面积大于或等于3 000 m²	2
	地下建筑、地铁车站		2
	汽车库、修车库、停车场		2

注：住宅和其他使用功能合建的建筑，计算室外消防用水量时火灾延续时间应根据建筑的总高度和建筑规模按公共建筑的规定执行。

5.2.3 建筑物室内消火栓给水系统的用水量不应小于表5.2.3的规定。

表 5.2.3 建筑物室内消火栓给水系统的用水量

建筑物名称			高度 h(m)、层数、体积 V(m³)、座位数 n(个)、火灾危险性	消火栓设计流量(L/s)	同时使用消防水枪数(支)	每根竖管最小流量(L/s)
民用建筑	单层及多层建筑	科研楼、试验楼	$V \leqslant 10\,000$	10	2	10
			$V > 10\,000$	15	3	10
		车站、码头、机场的候车(船、机)楼和展览建筑(包括博物馆)等	$5\,000 < V \leqslant 25\,000$	10	2	10
			$25\,000 < V \leqslant 50\,000$	15	3	10
			$V > 50\,000$	20	4	15
		剧场、电影院、俱乐部、会堂、礼堂、体育馆等	$800 < n \leqslant 1\,200$	10	2	10
			$1\,200 < n \leqslant 5\,000$	15	3	10
			$5\,000 < n \leqslant 10\,000$	20	4	15
			$n > 10\,000$	30	6	15
		旅馆	$5\,000 < V \leqslant 10\,000$	10	2	10
			$10\,000 < V \leqslant 25\,000$	15	3	10
			$V > 25\,000$	20	4	15
		商店、图书馆、档案馆等	$5\,000 < V \leqslant 10\,000$	15	3	10
			$10\,000 < V \leqslant 25\,000$	25	5	15
			$V > 25\,000$	40	8	15
		病房楼、门诊楼、老年人照料设施等	$5\,000 < V \leqslant 25\,000$	10	2	10
			$V > 25\,000$	15	3	10
		办公楼、教学楼、公寓、宿舍、幼儿园等其他建筑	高度超过 15 m 或 $V > 10\,000$	15	3	10
		住宅	$21 < h \leqslant 27$	5	2	5
	高层建筑	住宅	$27 < h \leqslant 54$	10	2	10
			$h > 54$	20	4	10
		二类公共建筑	$h \leqslant 50$	20	4	10
		一类公共建筑	$h \leqslant 50$	30	6	15
			$h > 50$	40	8	15

续表5.2.3

建筑物名称		高度 h(m)、层数、体积 V(m³)、座位数 n(个)、火灾危险性		消火栓设计流量（L/s）	同时使用消防水枪数（支）	每根竖管最小流量（L/s）
文物建筑和优秀历史建筑		$V \leqslant 10\ 000$		20	4	10
		$V > 10\ 000$		25	5	15
人防工程	展览厅、影院、剧场、礼堂、健身体育场所等	$V \leqslant 1\ 000$		5	1	5
		$1\ 000 < V \leqslant 2\ 500$		10	2	10
		$V > 2\ 500$		15	3	10
	商场、餐厅、旅馆、医院等	$V \leqslant 5\ 000$		5	1	5
		$5\ 000 < V \leqslant 10\ 000$		10	2	10
		$10\ 000 < V \leqslant 25\ 000$		15	3	10
		$V > 25\ 000$		20	4	10
	自行车库	$V \leqslant 2\ 500$		5	1	5
		$V > 2\ 500$		10	2	10
	丙、丁、戊类物品库房、图书资料档案库	$V \leqslant 3\ 000$		5	1	5
		$V > 3\ 000$		10	2	10
汽车库、修车库		汽车库	修车库	—		
		Ⅰ、Ⅱ、Ⅲ类	Ⅰ、Ⅱ类	10	2	—
		Ⅳ类	Ⅲ、Ⅳ类	5	1	—
电动自行车停车库		大型(停车数>400辆)		20	4	15
		中、小型(停车数11辆～400辆)		10	2	10
地下建筑		$V \leqslant 5\ 000$		10	2	10
		$5\ 000 < V \leqslant 10\ 000$		20	4	15
		$10\ 000 < V \leqslant 25\ 000$		30	6	15
		$V > 25\ 000$		40	8	20

注：1 附属在民用建筑内的具有平战结合功能的人防工程，应按民用建筑和人防工程分别计算室内消火栓设计流量并取较大值确定。

    2 建筑高度小于 50 m 的高层商业、图书馆、档案馆等,室内消火栓设计流量取 40 L/s。

    3 非住宿的培训中心参照办公楼、教学楼类建筑的室内消火栓设计流量。

    4 餐饮、网吧、洗浴中心等参照商业类建筑的室内消火栓设计流量。

    5 地下建筑是指独立建造的地下建筑物,如地铁、隧道、人防工程、地下商场等建筑;为地下建筑服务的地上建筑面积应计入地下建筑内。

    6 当一座建筑有多种使用功能且各种功能在防火分隔完善的情况下,不同使用功能场所的室内消火栓设计流量按其总体积、总高度或总座位数等分别计算并取其中最大值确定。

    7 高层建筑各室内消防给水系统同时开启时,室内消火栓设计流量不应减少。

    8 当地下建筑与人防工程规定不一致时,室内消火栓设计流量应分别计算并取较大值。

5.3　室外消火栓系统

5.3.1　室外消火栓应采用地上式。地上式室外消火栓应有 1 个 DN100 和 2 个 DN65 的栓口。

5.3.2　室外消火栓的布置应符合下列规定:

    1　当道路宽度大于 60 m 时,室外消火栓宜设置在道路两边,并宜靠近十字路口。

    2　当建筑的室内消防给水系统设有水泵接合器时,在建筑的 5 m～40 m 范围内的市政消火栓可计入室外消火栓的数量。

    3　当建筑的室内消防给水系统不设水泵接合器时,在建筑的 5 m～150 m 范围内的市政消火栓可计入室外消火栓的数量。

    4　建筑消防扑救面一侧的室外消火栓数量不宜少于 2 个;室外消火栓距建筑消防扑救面不宜大于 40 m。

    5　人防工程、地下工程等建筑,应在出入口附近设置室外消火栓,且距出入口的距离不宜小于 5 m 且不宜大于 40 m。

    6　当室外消防给水引入管设置倒流防止器时,应在倒流防止器前增设 1 个室外消火栓。

5.4　室内消火栓系统

5.4.1　室内消防水压应满足室内消防用水量达到最大时最不利

点灭火设施的水压要求。

5.4.2 设置室内消火栓给水系统的建筑,其水枪的充实水柱长度及栓口动压应由计算确定,其最小值不应小于表 5.4.2 的规定。

表 5.4.2 水枪的最小充实水柱长度

建筑类别	水枪充实水柱长度（m）	消火栓栓口动压（MPa）
高层建筑、高层(高架)库房、室内净空高度超过 8 m 的场所	13	0.35
其他场所	10	0.25

5.4.3 室内消火栓栓口动压不应大于 0.50 MPa；当大于 0.50 MPa 时,应设置减压装置。

5.4.4 室内消火栓的布置应符合下列规定:

1 室内消火栓数量大于 10 个且室外消火栓用水量大于 15 L/s 时,其室内消防给水管道应连成环状,且至少应有 2 条引入管与室外环状给水管网或消防泵连接。当其中 1 条引入管发生故障时,其余的引入管应仍能供应全部消防用水量。

2 设置室内消火栓的建筑,包括避难层、设备层在内的各层、避难区、避难间、避难走道、直升机停机坪、消防电梯前室、屋顶排烟风机与排风风机合用机房,或设有集装箱变配电间以及设置冷却塔的场所,应设置消火栓。

3 商业步行街两侧建筑的商铺外应设置消火栓,并配备消防软管卷盘或轻便消防水龙,消火栓的布置间距不应大于 30 m。

4 附建在民用建筑内的冷库,消火栓应设置在常温部位。冷库氨压缩机房进出口处的室内消火栓宜配置直流开花水枪。

5 由建筑面积不大于 200 m² 的小商铺组成的商业建筑,每个小商铺内应至少设置 1 个消火栓,并宜设置在户门附近。

6 层高大于 18 m 的高大空间场所,当设有检修马道或平台时,应在马道或平台上设置消火栓。

　　7　超过 1 500 个座位的剧场,其闷顶面光桥处,宜设消火栓,并配备消防软管卷盘。

　　8　住宅的室内消火栓宜设置在楼梯间及其休息平台。

　　9　汽车库、停车库内设置的消火栓的布置,不应影响汽车的通行和车位的设置,且能在车位正常停车状态下便于取用。

　　10　设有室内消火栓的建筑,应在其屋顶或通往屋顶的最高楼梯间内设置带有压力表的试验消火栓;单层建筑的试验消火栓宜设置在水力最不利处,且应靠近出入口。

　　11　除建筑高度小于或等于 54 m 且每单元设置 1 部疏散楼梯的住宅,汽车库、修车库室内消火栓小于或等于 10 个,以及本标准表 5.2.3 中规定可采用 1 支消防水枪的场所外,室内消火栓的布置应满足同一平面任何部位有 2 支室内消火栓水枪的 2 股充实水柱同时到达,其间距应计算确定。消火栓的布置不应跨防火分区。

　　12　室内消火栓宜按行走距离(直线距离)布置,其间距应计算确定。

　　13　住宅建筑内的消火栓箱内应设消火栓口和消防软管卷盘,可不设水枪和水带。

　　14　同一建筑物内应采用统一规格的消火栓、水枪和水带,水带应采用有衬里型。

　　15　室内消火栓、阀门等设置地点应设置永久性固定标志。

　　16　建筑高度大于 250 m 民用建筑,应在楼梯间前室和设置室内消火栓的消防电梯前室通向走道的墙体下部设置消防水带穿越孔。消防水带穿越孔平时应处于封闭状态,并应在前室一侧设置永久性固定标志。

5.4.5　消防软管卷盘的设置间距应保证有一股水流能到达室内地面任何部位,可安装在消火栓箱内或单独安装,其安装高度应便于取用。

5.4.6 室内消火栓系统宜采用竖向环网布置方式,系统管道布置及阀门设置应保证不关闭相邻 2 个消火栓;确有困难时,在保证不少于 2 根供水主立管与环状管网连通时,可采用水平环网布置方式,水平环管上阀门设置应确保室内消火栓在检修时停止使用的消火栓数量小于或等于 5 个。

5.4.7 分区消防给水系统管道的最高点处宜设自动排气阀。

5.5 压缩空气泡沫消火栓系统

5.5.1 建筑高度小于或等于 200 m 时,可采用压缩空气泡沫快速输送管网(干式)形式;当建筑高度大于 200 m 时,宜增设固定式压缩空气泡沫灭火装置。

5.5.2 楼地面标高高出室外地坪的楼层,宜在每层消防电梯前室或邻近的楼梯间内设置出口公称直径为 DN65 的双阀双出口消火栓。

5.5.3 压缩空气泡沫消火栓系统应独立设置,且应设置不少于 1 根压缩空气泡沫竖管,管道的公称直径宜为 DN80,竖管顶部应设置放气阀,底部应设置排空阀。

5.5.4 在建筑的首层室外应设置压缩空气泡沫消防车专用水泵接合器,并应设置注明系统额定压力和"压缩空气泡沫专用"的永久性固定标志,其接口公称直径不应小于 DN65。

5.5.5 压缩空气泡沫消火栓系统宜采用不锈钢管或热浸镀锌无缝钢管。管材及管件、水泵接合器、室内消火栓等产品的额定工作压力等级应大于系统工作压力。管道的连接宜采用沟槽连接件(卡箍)、法兰等方式。

5.6 控制与操作

5.6.1 消防给水系统及消防水泵的控制应符合下列规定:

1 消防水泵应由消防水泵出水干管上压力开关、高位消防水箱出水的流量开关中任一信号动作后直接启动。分级或分区设置的消防水泵和转输水泵应满足其连锁启动的逻辑关系。

2 临时高压消火栓消防系统的消防水泵应由水泵出水干管上设置的压力开关或高位消防水箱出水管上设置的流量开关信号直接自动启动消防水泵。

3 高压消防给水系统消防转输水泵,应由高位消防水池的水位下降信号作为各级转输水泵的自动启动触发信号。

4 消防水泵、转输水箱串联消防给水系统,应先启动上区消防水泵,并由上区消防水泵联动转输水泵。

5 消防水泵直接串联消防给水系统,上级消防水泵的启泵触发信号,应先启动下区消防加压泵,上、下级消防泵联锁启动的时间间隔不应大于 20 s。

5.6.2 消防稳压泵的设计压力应满足系统自动启动和管网充满水的要求;稳压泵的启动压力值、消防稳压泵的停止压力值的差值不应小于 0.07 MPa。

5.6.3 消防水泵的启泵压力设置点处压力设定值,当采用设置稳压装置稳压的临时高压给水系统时,与稳压泵启动压力的差值不应小于 0.05 MPa。

5.6.4 消防水泵控制柜应设置在消防水泵房或专用消防水泵控制室内,并应符合下列要求:

1 消防水泵控制柜应有对消防供电的电压、电流、功率进行检测的功能,对低电压应有报警功能。

2 当消防水泵控制柜距离消防水泵较远时,应在消防水泵附近设置紧急停泵按钮,且应有保护装置。

3 当消防水泵控制柜设巡检功能时,巡检周期不宜大于7 d,且应能按需要任意设定。

5.6.5 消防水泵出水干管上的压力开关宜设置备用。压力开关和流量开关应具有锁定启泵参数的功能,宜具有远程监控其实时数据的功能。

5.6.6 消火栓系统应设消火栓按钮作为报警信号。设置火灾自动报警系统时,消火栓按钮应作为报警信号及启动消防水泵的联动触发信号。

5.6.7 消防用电设备的动力供应应符合下列规定:

1 当建筑物的室内临时高压消防给水系统仅采用稳压泵稳压,且建筑物室外消火栓设计流量大于 20 L/s 和建筑高度大于 54 m 的住宅时,消防水泵应按一级负荷要求供电;当不能满足一级负荷要求供电时,应采用柴油发电机组作备用动力或采用柴油机消防水泵。

2 消防泵、消防稳压泵及消防转输泵的配电应符合现行上海市工程建设规范《民用建筑电气防火设计标准》DG/TJ 08—2048 的相关规定。

3 双路电源自动切换的时间不应大于 2 s,当一路电源与内燃机动力切换时,切换时间不应大于 15 s。

6 自动喷水灭火系统

6.1 一般规定

6.1.1 自动喷水灭火系统的系统选型、喷水强度、作用面积、持续喷水时间等参数,应与防护对象的火灾特性、火灾危险等级、室内净空高度及储物高度等相适应。

6.1.2 自动喷水灭火系统的消防给水系统分区和减压阀设置应按本标准第 4.4.3～4.4.8 条执行。

6.1.3 设置自动喷水灭火系统的场所危险等级应按表 6.1.3 确定。

表 6.1.3 设置场所火灾危险等级分类

危险等级		设置场所
轻危险级		住宅建筑、幼儿园、建筑高度为 24 m 及以下的旅馆、宿舍楼、租赁式住宅、公寓式办公、教学楼、科研楼、办公楼;仅在走道设置闭式系统的建筑等
中危险级	I 级	1. 高层民用建筑:旅馆、宿舍楼、租赁式住宅、教学楼、科研楼、办公楼、综合楼、邮政楼、金融电信楼、指挥调度楼、广播电视楼(塔)等。 2. 公共建筑(含单多高层):医院、疗养院、图书馆(书库除外)、档案馆、展览馆(厅);影剧院、体育馆、音乐厅和礼堂(舞台除外)及其他娱乐场所;车站、机场及码头建筑物;总建筑面积小于 5 000 m² 的商场、总建筑面积小于 1 000 m² 的地下商场等。 3. 建筑高度大于或等于 32 m 且小于 54 m 的老年人照料设施;托育场所。 4. 文化遗产建筑:木结构古建筑、文物建筑、优秀历史建筑等。 5. 冷藏库、未设防火涂料的钢屋架等建筑构件。 6. 单独建造的饮食建筑。 7. 办公建筑内的中庭、无可燃物大堂(门厅)

续表6.1.3

危险等级		设置场所
中危险级	Ⅱ级	书库、舞台(葡萄架除外)、汽车停车场(库)、电动自行车停车库、总建筑面积 5 000 m² 及以上的商场、总建筑面积 1 000 m² 及以上的地下商场、净空高度不超过 8 m 且物品高度不超过 3.50 m 的超级市场、有顶步行街、商业类中庭及大堂(门厅)、剧本娱乐场所、歌舞娱乐游艺放映场所、室内游乐场、建筑高度达到 250 m 及以上的超高层建筑、民用建筑内单间使用面积不大于 100 m² 的可燃物附属库房
严重危险级	Ⅰ级	净空高度小于或等于 8 m 且物品高度大于 3.50 m 的超级市场等
	Ⅱ级	摄影棚、舞台葡萄架下部等
仓库危险级		民用建筑内单间使用面积大于 100 m² 的可燃物附属库房、最大净空高度大于 8 m 的超级市场

注:使用面积大于 100 m² 的可燃物附属库房和净空高度 8 m 以上的超级市场,其设计应按照现行国家标准《自动喷水灭火系统设计规范》GB 50084 中仓库的设计参数确定。

6.1.4 建筑物内(净空高度小于或等于 8 m)自动喷水灭火湿式系统的设计用水量和设计基本参数不应小于表 6.1.4 的规定。

表 6.1.4 自动喷水灭火湿式系统的设计水量及设计基本参数

设置场所的危险等级	项目	设计喷水强度 [L/(min·m²)]	作用面积 (m²)	系统设计最小用水量(L/s)
轻危险级		4	160	14
中危险级	Ⅰ级	6	160	21
	Ⅱ级	8	160	29
严重危险级	Ⅰ级	12	260	计算确定
	Ⅱ级	16	260	计算确定

注:系统最不利点处洒水喷头的工作压力不应低于 0.05 MPa。

6.1.5 高大空间场所(净空高度大于 8 m)设置自动喷水灭火系统时,湿式系统的设计用水量和设计基本参数不应小于表 6.1.5 的规定。

表 6.1.5　高大空间场所自动喷水灭火系统的设计水量及设计基本参数

适用场所　　　　　项目	最大净空高度 H(m)	设计喷水强度〔L/(min·m²)〕	作用面积(m²)	喷头流量系数 K	喷头间距 B(m)	系统设计最小用水量(L/s)
中庭、体育馆、航站楼、游客接待中心大厅、缆车中转大厅、车站大厅、餐厅上空、高校食堂上空、室内游乐设施上空	$8 < H \leqslant 12$	12	160	$K \geqslant 115$	$1.8 \leqslant B \leqslant 3.0$	42
	$12 < H \leqslant 18$	15	160	$K \geqslant 161$	$1.8 \leqslant B \leqslant 3.0$	52
影剧院、音乐厅、会展中心、新闻发布大厅、媒体中心、展厅、天文馆、画廊、歌舞厅	$8 < H \leqslant 12$	15	160	$K \geqslant 115$	$1.8 \leqslant B \leqslant 3.0$	52
	$12 < H \leqslant 18$	20	160	$K \geqslant 161$	$1.8 \leqslant B \leqslant 3.0$	70

注：当最大净空高度不超过 12 m 时，可采用标准覆盖面积快速响应喷头和非仓库类特殊应用喷头；当净空高度超过 12 m 时，应采用非仓库类特殊应用喷头。

6.1.6　在同一个综合性建筑内或同一建筑物的不同部位，可根据实际使用功能确定不同场所的危险等级。

6.1.7　自动喷水灭火系统的选择应根据使用场所情况进行确定。

6.1.8　自动喷水灭火系统的持续喷水时间应按表 6.1.8 确定。

表 6.1.8　自动喷水灭火系统持续喷水时间

灭火系统类型	建筑物名称	持续喷水时间(min)
用于防护冷却时	—	应大于或等于设计所需防护冷却时间
用于防火分隔时	—	应大于或等于防火分隔处的设计耐火时间

灭火系统类型	建筑物名称	持续喷水时间(min)
自动喷水灭火系统	A:仓库危险Ⅰ级、最大储物高度不超过3.50 m的仓库危险Ⅱ级的超级市场	90
	B:最大储物超过3.50 m的仓库危险Ⅱ级的超级市场	120
	C:除A和B外的其他民用建筑	60
局部应用系统	—	30
简易自动喷水灭火系统	—	10

6.1.9 自动喷水灭火系统的设计应符合下列规定:

1 湿式系统、单连锁预作用系统的喷水强度和作用面积,应按本标准表6.1.4中的规定值确定。

2 干式系统、双连锁预作用系统的喷水强度,应按本标准表6.1.4中的规定值确定,系统作用面积应按对应值的1.3倍确定。

3 雨淋系统的喷水强度和作用面积,应按本标准表6.1.4中的规定值确定,且每个雨淋报警阀控制的喷水面积不宜大于表6.1.4中的作用面积。

4 装设网格、栅板类通透性吊顶的场所,净空高度小于或等于8 m时,系统的喷水强度应按本标准表6.1.4中的规定值的1.3倍确定。

6.1.10 干式系统、预作用系统、雨淋系统、自动喷水-泡沫联用系统、水喷雾系统,可串联接在同一建筑物内湿式系统的配水干管上。但各系统应分别设置独立的报警阀组,其控制的喷头数计入湿式报警阀组控制的洒水喷头总数。

6.1.11 每个报警阀组控制的最不利点洒水喷头处应设末端试水装置。当满足下列条件之一时,其末端试水装置应具备实时显示自动喷水灭火系统末端压力,并可自动或手动检验系统启动、报警及联动等功能:

1 城市综合体。

2 建筑高度超过 100 m 的公共建筑。

3 其他设置消防设施物联网系统的建筑(场所)。

6.2 设置要求

6.2.1 室内机械式汽车库和堆垛式汽车库自动喷水灭火系统应按照中危险Ⅱ级设计,设计流量可按照现行国家标准《自动喷水灭火系统设计规范》GB 50084 中货架层间隔板为实层板的内置洒水喷头设置规定。车架内喷头应采用带挡水板的边墙型喷头。

    1 当仅有 1 层车架内喷头时,计算车架内喷头的数量可取 8 个。

    2 当为 2 层及以上车架内喷头时,计算车架内喷头的数量可取 14 个。

    3 巷道堆垛式机械车库,计算车架内喷头的数量可取 14 个。

6.2.2 地下汽车库直通室外的汽车坡道上设置有防火卷帘时,防火卷帘之外的坡道上可不设置自动喷水灭火系统;当坡道上无卷帘时,汽车坡道的有顶区域应设置喷头。

6.2.3 排烟风机与其他排风、空调设备合用的机房应设置自动喷水灭火系统。

6.2.4 闭式喷头使用场所的室内最大净高高度不应大于 18 m,仅用于保护室内钢屋架等建筑构件的喷头设置高度可不限。

6.2.5 闭式系统的喷头,其公称动作温度宜高于环境最高温度 30℃,并应按照下列要求选用:

    1 一般室内宜采用公称动作温度为 68℃(玻璃球)或 72℃(易熔金属)的喷头。

    2 厨房、蒸汽洗衣房、锅炉房、热交换机房、直燃机房等宜采用公称动作温度为 93℃的喷头。

3 钢屋架和玻璃顶棚下宜采用公称动作温度为 141℃ 的喷头。

4 车库入口附近宜采用公称动作温度为 72℃（易熔金属）的喷头。

6.2.6 下列场所应采用快速响应喷头：

1 公共娱乐场所、中庭环廊。

2 医院、疗养院、儿童活动场所、老年人照料设施和残疾人康复训练设施。

3 建筑高度大于 50 m 的楼层。

4 建筑高度大于 100 m 的公共建筑，其高层主体内。

5 建筑高度大于 250 m 的超高层建筑及其投影范围的地下室。

6 地下商业、民用建筑中配套的仓储用房。

7 高大净空场所。

8 剧院、体育馆、音乐厅、电影院等人员密集场所。

9 文物建筑和优秀历史建筑。

10 电动车防火单元、电动自行车停车库。

11 采用局部应用系统的场所。

12 采用简易自动喷水灭火系统的场所。

6.2.7 自动水灭火系统报警阀出口的工作压力不应大于 1.60 MPa。

6.2.8 流量开关启动消防泵的设定值，宜为一个喷头流量与系统漏失量之和。

6.2.9 符合本标准第 3.2.1 条第 3 款的住宅建筑，其每层公共部位设置的喷头数小于或等于 4 个时，喷淋支管可直接从室内消火栓系统接出。

6.3 简易自动喷水灭火系统

6.3.1 简易自动喷水灭火系统设计参数，应按照下列规定：

1 设置简易自动喷水灭火系统的场所火灾危险等级按中危险级确定,其基本参数不宜低于表 6.3.1 的规定。

表 6.3.1　简易自动喷水灭火系统设计参数

K 值	最大净空高度 h(m)	喷水强度 [L/(m² · min)]	喷头工作压力 (MPa)	单个喷头最大保护面积(m²)
80	$h \leqslant 8$	6	0.10	10
115	$h \leqslant 8$	6	0.05	13

2 系统可不设报警阀组,系统配水管的入口处应设过滤器、信号阀(或带有锁定装置的控制阀)和水流指示器。

3 系统可采用电动警铃报警。

6.3.2 简易自动喷水灭火系统的作用面积应达到下列要求:

1 老式居民住宅根据设置喷头的最大单元的作用面积确定,但不宜小于 4 个喷头的作用面积。

2 其他建筑根据设置喷头的最大单元的作用面积确定,但系统的最大作用面积不应大于 80 m²,最小作用面积不应小于 4 个喷头的作用面积。

6.3.3 简易自动喷水灭火系统的供水满足下列要求:

1 应确保一路可靠市政供水,可采用市政管网供水、室内消火栓管道供水或屋顶水箱供水方式。

2 简易自动喷水灭火系统的市政供水应从生活计量总表前接入。

3 当最大单元的作用面积小于 50 m² 时,市政供水的管径不应小于 50 mm;当最大单元的作用面积大于或等于 50 m² 时,市政供水管径不应小于 65 mm。

4 屋顶水箱的供水管径应不小于 65 mm,其有效消防用水量应大于或等于 1 m³。

6.3.4 简易自动喷水灭火系统不能达到最不利点的工作压力时,应设置管道增压泵,并应符合下列规定:

1 增压泵可不设备用泵。

2 增压泵可市政一路供电,并应在明显、适当部位设置电源开关,供电线路应穿金属管保护。

6.3.5 简易自动喷水灭火系统的管道及附件应符合下列规定:

1 配水管道上不应设置其他用水设施。

2 系统的最不利点应设置末端放水阀和压力表。

3 室内配水干管不应小于 40 mm;配水支管不应小于 25 mm;短立管及末端试水装置的连接管,其管径不应小于 15 mm。

6.4 控制与操作

6.4.1 自动喷水灭火系统的控制与操作应按照现行国家标准《自动喷水灭火系统设计规范》GB 50084 中的相关要求执行。

6.4.2 自动喷水灭火系统消防水泵应由消防水泵出水干管上压力开关、高位消防水箱出水的流量开关或报警阀组的压力开关的任一信号动作后直接启动。消防水泵控制与操作的其他要求应按照本标准第5.6节执行。

7 自动跟踪定位射流灭火系统

7.0.1 消防炮和喷射型自动射流灭火装置安装高度应大于或等于 8 m。

7.0.2 自动跟踪定位射流灭火系统的选型,应根据设置场所的火灾类别、火灾危险等级、环境条件、空间高度、保护区域特点等因素确定。自动跟踪定位射流灭火系统设置场所的火灾危险等级可按现行国家标准《自动喷水灭火系统设计规范》GB 50084 的规定划分。自动跟踪定位射流灭火系统的选型应符合下列规定:

　　1 轻危险级场所应选用喷射型自动射流灭火系统或喷洒型自动射流灭火系统。

　　2 中危险级场所应选用喷射型、自动射流灭火系统、喷洒型自动射流灭火系统或自动消防炮灭火系统。

　　3 同一保护区内宜采用一种系统类型。

7.0.3 自动跟踪定位射流灭火系统应由灭火装置、探测装置、控制装置、水流指示器、模拟末端试水装置等组件,以及管道与阀门、供水设施等组成。自动跟踪定位射流灭火系统的供水管路设计应符合下列规定:

　　1 自动控制阀前应采用湿式管路。

　　2 在可能发生冰冻的场所,应采取防冻措施。

　　3 自动控制阀后的干式管路长度不宜大于 30 m。

7.0.4 自动消防炮灭火系统和喷射型自动射流灭火系统应保证至少 2 台灭火装置的射流能到达被保护区域的任一部位,设计同时开启数量应按 2 台确定。

7.0.5 自动消防炮灭火系统用于扑救民用建筑内火灾时,单台炮的流量不应小于 20 L/s。喷射型自动射流灭火系统用于扑救轻危险级场所火灾时,单台灭火装置的流量不应小于 5 L/s;用于扑救中危险级场所火灾时,单台灭火装置的流量不应小于 10 L/s。

7.0.6　喷洒型自动射流灭火系统的灭火装置布置应能使射流完全覆盖被保护场所及被保护物。系统的设计参数不应低于表 7.0.6 的规定。

表 7.0.6　喷洒型自动射流灭火系统的设计参数

保护场所的火灾危险等级		保护场所的净空高度(m)	喷水强度[L/(min·m²)]	作用面积(m²)
轻危险级			4	
中危险级	Ⅰ级	≤25	6	300
	Ⅱ级		8	

7.0.7　喷洒型自动射流灭火系统灭火装置的设计同时开启数量,应按保护场所内任何一点着火时,可能开启射流的灭火装置的最大数量确定,且应符合表 7.0.7 的规定。

表 7.0.7　喷洒型自动射流灭火系统灭火装置的设计同时开启数量 N(台)

保护场所的火灾危险等级		灭火装置的流量规格(L/s)	
		5	10
轻危险级		4≤N≤6	N=2 或 N=3
中危险级	Ⅰ级	6≤N≤9	3≤N≤5
	Ⅱ级	8≤N≤12	4≤N≤6

注:当系统最大保护区的面积不大于本标准表 7.0.6 中规定的作用面积时,可按最大保护区面积对应的全部灭火装置数量确定。

7.0.8　自动跟踪定位射流灭火系统的设计流量应为设计同时开启的灭火装置流量之和,且不应小于 10 L/s。

7.0.9　自动跟踪定位射流灭火系统的设计持续喷水时间应不小于 1.0 h。

7.0.10　灭火装置的选用应符合下列规定:

　　1　灭火装置的最大保护半径应按产品在额定工作压力时的

指标值确定。

    2 灭火装置的设计工作压力与产品额定工作压力不同时，应在产品规定的工作压力范围内选用。

7.0.11 灭火装置与端墙之间的距离不宜超过灭火装置同向布置间距的 1/2。

8 其他灭火系统及装置

8.1 氮气灭火系统

Ⅰ 一般规定

8.1.1 采用七氟丙烷灭火系统及 IG-541 混合气体灭火系统设计时,应按照现行国家标准《气体灭火系统设计规范》GB 50370 执行;采用储存压力为 20 MPa(20℃时)的氮气灭火系统设计时,应按本标准执行。

8.1.2 氮气灭火系统应采用有管网灭火系统,并应根据建筑物内防护区域的体积经计算设计。

8.1.3 氮气灭火系统适用于扑救下列火灾:

1 液体或可熔化固体火灾。

2 灭火前能切断气源的气体火灾。

3 固体表面火灾。

4 电气火灾。

8.1.4 氮气灭火系统不适用于扑救下列火灾:

1 硝酸纤维、硝酸钠等氧化剂及含氧化剂的化学制品火灾。

2 钾、钠、镁、钛、锆、铀等活泼金属火灾。

3 氢化钾、氢化钠等金属氢化物火灾。

4 过氧化物、联胺等能自行分解的化学物质火灾。

5 可燃固体的深位火灾。

8.1.5 氮气灭火系统中,2 个或 2 个以上的防护区采用组合分配系统时,一个组合分配系统所保护的防护区不应超过 8 个。

8.1.6 氮气灭火系统的灭火剂储存量,应为最大防护区的灭火设计用量与储存容器内的灭火剂剩余量和管网内的灭火剂剩余量之和。

8.1.7 氮气灭火系统的储存装置72 h内不能重新充装恢复工作的,应按系统原储存量的100%设置备用量。

8.1.8 氮气灭火系统防护区设计应符合下列规定:

1 防护区宜以单个封闭空间划分;同一区间的吊顶层和地板下需同时保护时,可合为一个防护区。

2 一个防护区的面积不宜大于800 m²,且容积不宜大于3 600 m³。

3 防护区应设置泄压口,宜设在外墙上,泄压口面积应按设计计算取值。

4 防护区不应有不能关闭的开口,防护区内与其他空间相通的开口,除泄压口外,应能在灭火剂喷放前自动关闭。

5 防护区的最低环境温度不应低于-10℃。

6 防护区围护结构及门、窗的耐火极限不应低于0.50 h,吊顶的耐火极限不应低于0.25 h。

7 围护结构及门窗的允许压强不宜低于1 200 Pa。

8 应考虑防护区预期最高和最低环境温度,确定所需要的灭火剂量。

8.1.9 氮气灭火系统泄压口的最小面积应按下式计算:

$$A_x = 0.991 \frac{Q_y}{\sqrt{P_y}} \tag{8.1.9}$$

式中:A_x——泄压口面积(m²);

Q_y——防护区灭火剂的平均喷放速率(kg/s);

P_y——防护区围护结构承受内压的允许压强(Pa),根据围护结构的类型确定,一般轻型围护结构为1 200 Pa,中型围护结构为2 400 Pa,重型围护结构为4 800 Pa。

Ⅱ 系统设计

8.1.10 氮气灭火系统的灭火设计用量或惰化设计用量,应根据防护区内可燃物相应的设计灭火浓度或设计惰化浓度经计算确定;其中,设计灭火浓度应大于或等于灭火浓度的 1.3 倍,设计惰化浓度应大于或等于惰化浓度的 1.1 倍。

8.1.11 灭火浸渍时间应符合下列规定:

   1 木材、纸张、织物等固体表面火灾,宜采用 20 min。

   2 通信机房、电子计算机房内的电气设备火灾,宜采用 10 min。

   3 气体和液体火灾,宜采用 10 min。

   4 其他固体表面火灾,宜采用 10 min。

8.1.12 氮气灭火系统的设计温度应采用 20℃。

8.1.13 储存容器储存压力为 20 MPa(20℃时),充装量不应小于 218.54 kg/m³。

8.1.14 灭火设计用量或惰化设计用量宜按公式(8.1.14-1)计算,也可用表 8.1.14 中淹没系数乘以防护区净容积再除以比容确定:

$$M_A = K_H \times 2.303 \frac{V}{S} \log_{10} \frac{100}{(100-C)} \qquad (8.1.14-1)$$

式中:M_A——灭火设计基本用量(kg);

    K_H——海拔高度修正系数(上海地区取 1.00);

    V——防护区净容积(m³);

    S——氮气过热蒸汽在 T℃、101.3 kPa 大气压下的比容(m³/kg),可由公式(8.1.14-2)近似求得:

$$S = 0.7997 + 0.00293T \qquad (8.1.14-2)$$

式中:T——防护区内预期最低环境温度(℃);

    C——灭火剂设计浓度(%)。

表 8.1.14 IG-100 灭火剂淹没系数(m³/m³)

温度(T)	比容(S)	设计灭火剂浓度(%)							
(℃)	(m³/kg)	34	37	40	42	47	49	58	62
−20	0.7412	0.4811	0.5350	0.5915	0.6308	0.7352	0.7797	1.0045	1.1204
−10	0.7704	0.4629	0.5147	0.5691	0.6069	0.7073	0.7501	0.9664	1.0779
0	0.7997	0.4459	0.4959	0.5482	0.5846	0.6814	0.7227	0.9310	1.0384
10	0.8290	0.4302	0.4783	0.5289	0.5640	0.6573	0.6971	0.8981	1.0017
20	0.8582	0.4155	0.4621	0.5109	0.5448	0.6349	0.6734	0.8676	0.9677
30	0.8875	0.4018	0.4468	0.4940	0.5268	0.6140	0.6512	0.8389	0.9357
40	0.9168	0.3890	0.4325	0.4782	0.5100	0.5943	0.6304	0.8121	0.9058
50	0.9461	0.3769	0.4191	0.4634	0.4942	0.5759	0.6108	0.7870	0.8778

8.1.15 氮气灭火剂设计浓度应符合下列规定:

1 A、B、C、E 类火灾的灭火浓度及最小设计灭火浓度应符合表 8.1.15-1 的规定。

表 8.1.15-1 各类火灾的灭火浓度及其最小设计灭火浓度

可燃物名称	灭火浓度(%)	最小设计灭火浓度(%)
A 类火灾	31.0	40.3
B 类火灾	33.6	43.7
C 类火灾	33.6	43.7
E 类火灾	31.0	40.3

2 经常有人工作的防护区的最大设计灭火浓度为 52%,并应在防护区预期最高环境温度条件下进行复核。

3 存在多种可燃物时,灭火剂设计浓度应根据火灾危险性较大的可燃物的设计浓度来确定。

4 对有爆炸危险的防护区应采用惰化浓度,部分可燃物的最小设计惰化浓度可按表 8.1.15-2 确定。

表 8.1.15-2　部分可燃物的惰化浓度及其最小设计惰化浓度

可燃物名称	惰化浓度(%)	最小设计惰化浓度(%)
甲烷	43.0	47.3
丙烷	49.0	53.9

8.1.16　灭火剂总量应按下式计算：

$$M = M_A + M_B + M_C \qquad (8.1.16\text{-}1)$$

式中：M——灭火剂设计总量(kg)；

M_A——灭火剂设计基本用量(kg)；

M_B——喷放后配管内灭火剂剩余量(kg)；

M_C——喷放后钢瓶内灭火剂剩余量(kg)。

喷放后配管内灭火剂剩余量(M_B)为钢瓶组到被保护区的喷头之间的所有灭火剂充满的配管内剩余量之和，应按下式经计算确定：

$$M_B = \left(\sum_1^n \frac{D_n^2}{4} \times \pi \times L_n \right) / S_{20} \qquad (8.1.16\text{-}2)$$

式中：D_n——配管的内径(m)($n=1, 2, 3, \cdots$)；

L_n——配管的长度(m)($n=1, 2, 3, \cdots$)；

S_{20}——20℃时灭火剂比容，取 0.858 3 m^3/kg。

8.1.17　灭火剂的喷放时间和浸渍时间应满足有效灭火或惰化的要求，并应保证在 60 s 之内达到最小设计浓度的 95%，且不应小于 48 s。

8.1.18　用于保护同一防护区的多套氮气灭火系统应能在灭火时同时启动，相互间的动作响应时差应小于或等于 2 s。

Ⅲ　组件及要求

8.1.19　氮气灭火系统的管道和组件、灭火剂的储存容器及其他组件的公称压力，不应小于系统运行时在最高环境温度下需承受的最大工作压力。

8.1.20 储存装置宜由储存容器及容器阀、加压容器及容器阀、连接管、单向阀、安全泄压阀、集流管和检漏装置等组成。

8.1.21 储存容器的设置应符合下列规定：

 1 储存容器的容器阀应具有安全泄压和压力显示的功能。

 2 储存容器的容器阀宜具有定值减压功能。

 3 储存容器应能承受最高环境温度下灭火剂的储存压力，储瓶上的安全泄压装置的动作压力，应符合现行国家标准《气体灭火系统及部件》GB 25972 的规定。

 4 储存容器应设置在防护区外专用的储存容器间内；储存容器间的楼面承载能力应能满足储存容器和其他设备的储存要求。

 5 组合分配系统，应在集流管的封闭管段上设置安全泄压装置，泄压方向不应朝向操作面或人员疏散通道，其动作压力应符合现行国家标准《气体灭火系统及部件》GB 25972 的规定；同一集流管上的储存容器，其规格、尺寸、灭火剂充装量及充装压力均应相同。

 6 储存容器上应设耐久的固定标牌，并标明每个储存容器的编号、容积、灭火剂名称、充装压力和充装日期等。

 7 储存容器安装应能便于再充装和装卸，宜留出不小于0.8 m 的操作间距，且不应小于 1.5 倍储存容器外径尺寸。

 8 储存容器应固定牢固。采用固定支架固定时，宜背靠安装；采用固定夹固定时，可单排或双排安装。

8.1.22 专用的储存容器间应符合下列规定：

 1 储存容器间宜靠近防护区或有人值班处，其出口应直通室外或疏散走道。

 2 储存容器间的耐火等级不应低于二级，楼面承载能力应能满足荷载要求。

 3 储存容器间内应设应急照明。

4 储存容器间的室内温度应为－10℃～50℃,并应保持干燥和良好通风,避免阳光直接照射。

5 设在地下、半地下或无可开启窗扇的储存容器间,应设置机械通风换气装置。

8.1.23 备用量的储存容器宜与系统管网相连,并能与主储存容器切换使用。

8.1.24 组合分配系统中,每个防护区应设置能自动启动的选择阀,选择阀的公称直径应与灭火剂输送主干管道的公称直径相同。选择阀的安装位置应便于操作和维护检查,宜集中安装在储存容器间内,并应设有标明防护区名称的永久性标牌。

8.1.25 选择阀可采用气动、电动启动方式,并应有机械应急操作方式。

8.1.26 在通向每个防护区或保护对象的氮气灭火系统主管道上,应设置信号反馈装置。

8.1.27 灭火剂输送管道应采用无缝钢管、铜管或不锈钢管,并应符合现行国家标准《气体灭火系统及部件》GB 25972、《输送流体用无缝钢管》GB/T 8163、《高压锅炉用无缝钢管》GB/T 5310 等的规定,可采用螺纹连接、法兰连接或焊接连接方式。

8.1.28 采用气动方式开启储存容器阀和选择阀时,启动气体输送的管道宜采用铜管,且应能承受相应启动气体的最高储存压力。

8.1.29 喷头应有型号、规格的永久性标识;设置在有粉尘、油雾等防护区的喷头,应设有防护装置。

8.1.30 喷头的布置应满足喷放后气体灭火剂在防护区内均匀分布的要求。当保护对象属可燃液体时,喷头射流方向不应朝向可燃液体表面。

Ⅳ 控制与操作

8.1.31 氮气灭火系统应具有自动控制、手动控制和机械应急操作三种启动方式。

8.1.32 防护区或保护对象应设置火灾自动报警系统,设计应符合现行国家标准《火灾自动报警系统设计规范》GB 50116 的规定。

8.1.33 氮气灭火系统的操作与联动控制及供电等设计要求,应符合现行国家标准《火灾自动报警系统设计规范》GB 50116 的规定。

8.1.34 防护区应设置通风换气设施,可采用开启外窗自然通风、机械排风装置的方法,排风口应直通室外。

8.2 探火管灭火装置

8.2.1 探火管灭火装置适用于大空间中的封闭设备空间或无围合结构敞开设备的保护,灭火剂可采用二氧化碳、七氟丙烷和干粉。

8.2.2 探火管灭火装置按应用方式可分为小型封闭空间全淹没和无围合结构敞开设备的局部空间保护两种;按装置型式可分为直接式和间接式两种,干粉探火管灭火装置仅适用于间接式。

8.2.3 探火管灭火装置的型式和灭火剂类型应与被保护对象火灾特点相适应。

8.2.4 全淹没应用方式的防护区,应符合下列规定:

　　1 采用直接式七氟丙烷探火管灭火装置时,一个防护区的体积不应大于 6 m^3。

　　2 采用直接式二氧化碳探火管灭火装置时,一个防护区的体积不应大于 3 m^3。

　　3 采用间接式探火管灭火装置时,一个防护区的体积不应大于 60 m^3。

　　4 防护区应有实际的底面,且不能自动关闭的开口面积不应大于总内表面积的 1%。

8.2.5 无围合结构敞开局部空间应用方式的保护对象,应符合下列规定:

1 保护对象周围的空气流道速度不应大于 2 m/s,必要时应采取挡风措施。

2 在喷头和保护对象之间,喷头喷射角范围内不应有遮挡物。

3 当保护对象为可燃液体时,液面至容器缘口的距离不得小于 150 mm。

8.2.6 一套直接式探火管灭火装置所保护的防护区不宜超过 6 个,灭火剂设计用量应按最大的防护区确定;一个防护区设置的间接式探火管灭火装置不应超过 4 套,且必须能同时启动,其动作响应时差不应超过 2 s。

8.2.7 无围合结构敞开局部空间应用方式应采用间接式探火管灭火装置。

8.2.8 灭火装置 48 h 内不能重新恢复工作的,应按最大一个防护区设置备用。

8.2.9 全淹没灭火方式灭火剂设计用量应按现行国家标准《气体灭火系统设计规范》GB 50370、《二氧化碳灭火系统设计规范》GB 50193 和《干粉灭火系统设计规范》GB 50347 的规定执行。

8.2.10 无围合结构敞开局部空间应用灭火方式灭火剂设计用量可采用面积法或体积法确定。当保护对象的着火部位是平面时,宜采用面积法;当着火部位是不规则物体时,应采用体积法。设计计算应符合下列规定:

1 采用面积法设计时,喷头喷射范围应覆盖保护对象全部计算面积,喷头喷射范围应按照产品参数(质量证明文件)确定。

2 采用体积法设计时,保护对象的计算体积应采用假定的封闭罩的体积,封闭罩的底采用保护对象的实际底面,封闭罩的侧面和顶面距保护对象外缘的距离为:采用二氧化碳和七氟丙烷时不应小于 0.6 m,采用干粉时不应小于 1.5 m。

3 无围合结构敞开局部空间应用面积法灭火剂设计用量应按下式计算：

$$M = N \cdot Q_i \cdot t \qquad (8.2.10\text{-}1)$$

式中：M——灭火剂设计总量（kg）；

   N——喷头数量；

   Q_i——单个喷头的设计流量（kg/s），按照产品参数（质量证明文件）确定；

   t——喷射时间（s），不小于 1.5 倍的产品参数（质量证明文件）。

4 无围合结构敞开局部空间应用体积法灭火剂设计用量应按下式计算：

$$M = V_L \cdot Q \cdot t \qquad (8.2.10\text{-}2)$$

式中：V_L——保护对象的计算体积（m³）；

   Q——喷射强度（kg/s），不小于 1.3 倍的产品参数（质量证明文件）。

5 探火管灭火装置的探火管和释放管最大长度应按产品参数（质量证明文件）确定。

8.2.11 探火管宜布置在保护对象的正上方，且距离保护对象不应大于 0.6 m；当布置在保护对象的侧方或下方时，其距离不应大于 0.16 m。

8.2.12 探火管之间的布置间距不应大于 1.0 m，探火管的弯曲半径不宜小于其外径的 15 倍。

8.2.13 探火管灭火装置的系统组件应满足下列要求：

1 探火管灭火装置由灭火剂贮存容器、容器阀、探火管、单向阀、压力显示器、喷头（间接式）及释放管（间接式）等组成。

2 探火管灭火装置的组件及布置应符合现行行业标准《探火管式灭火装置》XF 1167 和现行国家标准《气体灭火系统设计规范》GB 50370、《二氧化碳灭火系统设计规范》GB 50193、《干粉灭火系统设计规范》GB 50347 的规定。

3 灭火剂应符合现行国家标准《七氟丙烷(HFC 227ea)灭火剂》GB 18614、《二氧化碳灭火剂》GB 4396、《干粉灭火剂》GB 4066 的规定。

4 除探火管、释放管及喷头外,探火管灭火装置的其他组件应设置在防护区外邻近出口或疏散通道且便于操作的地方。

5 容器阀与探火管连接处应设置检修阀门。

6 防护区外的探火管应设置套管保护。

7 探火管灭火装置应设置永久性设备铭牌,贮存容器应固定安装。

8 当系统装置设置在有爆炸危险的场所时,其管道等金属件应设置防静电接地。

9 贮存容器或容器阀上,应设置安全泄压装置。安全泄压装置的动作压力,应符合相应灭火剂灭火系统的设计规定。

8.2.14 探火管灭火装置的操作与控制应满足下列要求:

1 直接式探火管灭火装置应采用自动控制启动方式,间接式探火管灭火装置应设有自动控制和机械应急操作两种启动方式。

2 探火管灭火装置启动时,应提供灭火装置释放信号;当设有消防控制室时,宜将释放信号上传至消防控制室。

8.3 超细干粉自动灭火装置

8.3.1 超细干粉自动灭火装置宜将喷放信号反馈至火灾自动报警系统。单个防护区内灭火装置数量大于或等于 2 具时,当收到 2 个独立的火灾报警信号时,启动该防护区内所有灭火装置。

8.3.2 装置保护区内的孔洞应采用防火封堵材料封堵,封堵材料耐火性能不低于结构构件的耐火极限。装置保护区内可不设置泄压口。

8.3.3 超细干粉自动灭火装置安装高度、安装方式应便于日常检查和检修,安装稳固性宜考虑抗震的要求。

8.3.4 超细干粉自动灭火装置的配置数量应按下式计算确定,并经圆整,取上限值:

$$N_P = C_P \cdot V / M_P \qquad (8.3.4)$$

式中:N_P——超细干粉自动灭火装置的配置数量(具);

C_P——干粉设计灭火浓度(kg/m^3),其值不应小于经权威机构认证合格的灭火浓度的 1.2 倍;

V——防护区净容积(m^3);

M_P——单具超细干粉自动灭火装置的充装量(kg)。

本标准用词说明

1 为便于在执行本标准条文时区别对待，对要求严格程度不同的用词说明如下：

    1）表示很严格，非这样做不可的用词：

        正面词采用"必须"；

        反面词采用"严禁"。

    2）表示严格，在正常情况下均应这样做的用词：

        正面词采用"应"；

        反面词采用"不应"或"不得"。

    3）表示允许稍有选择，在条件许可时首先应这样做的用词：

        正面词采用"宜"；

        反面词采用"不宜"。

    4）表示有选择，在一定条件下可以这样做的用词，采用"可"。

2 标准中指明应按其他有关标准、规范执行时，写法为"应符合……的规定（或要求）"或"应按……执行"。

引用标准名录

1 《消防设施通用规范》GB 55036
2 《建筑防火通用规范》GB 55037
3 《干粉灭火剂》GB 4066
4 《二氧化碳灭火剂》GB 4396
5 《高压锅炉用无缝钢管》GB/T 5310
6 《输送流体用无缝钢管》GB/T 8163
7 《七氟丙烷(HFC 227ea)灭火剂》GB 18614
8 《气体灭火系统及部件》GB 25972
9 《建筑给水排水设计标准》GB 50015
10 《建筑设计防火规范》GB 50016
11 《自动喷水灭火系统设计规范》GB 50084
12 《火灾自动报警系统设计规范》GB 50116
13 《二氧化碳灭火系统设计规范》GB 50193
14 《干粉灭火系统设计规范》GB 50347
15 《气体灭火系统设计规范》GB 50370
16 《消防给水及消火栓系统技术规范》GB 50974
17 《自动跟踪定位射流灭火系统技术标准》GB 51427
18 《探火管式灭火装置》XF 1167
19 《民用建筑电气防火设计标准》DG/TJ 08—2048
20 《展览建筑及布展设计防火规程》DGJ 08—2173
21 《保障性租赁住房设计标准(保障性租赁住房新建分册)》DG/TJ 08—2291B
22 《保障性租赁住房设计标准(保障性租赁住房改建分册)》DG/TJ 08—2291C

23 《大型物流建筑消防设计标准》DG/TJ 08—2343

24 《城市综合体消防技术标准》DG/TJ 08—2408

25 《老旧住宅小区消防改造技术标准》DG/TJ 08—2409

26 《文物和优秀历史建筑消防技术标准》DG/TJ 08—2410

27 《电动自行车集中充电和停放场所》DG/TJ 08—2451

标准上一版编制单位及人员信息

DGJ 08—94—2007

主 编 单 位：现代设计集团华东建筑设计研究院有限公司

参 编 单 位：上海市消防局

上海沪标工程建设咨询有限公司

主要起草人：冯旭东　杨　琦　曾　杰　潘德琦　姜文源

朱　鸣　王凤石

上海市工程建设规范

民用建筑水灭火系统设计标准

DG/TJ 08—94—2024
J 11056—2024

条 文 说 明

2024　上海

目　次

Contents

1 总 则

1.0.1 上海的高层、超高层建筑、综合体建筑较多,建筑密度高,功能复杂、规模较大,对于扑救的难度和灭火救援反应速度要求较高。上海的水源充足,根据《上海市供水规划(2019—2035年)》,上海目前基本形成了"1网、2区、39厂"的供水布局,构成了具有上海特色的供水管网体系。同时,上海救援队伍的灭火装备和战备救援水平相对较高,本标准正是在这个基础上编制的,具有可操作、可执行的依据。

1.0.2 装饰装修工程应按现行《上海市建筑装饰装修工程管理实施办法》的有关规定执行。老旧住宅小区、文物建筑或优秀历史保护建筑应分别按现行上海市工程建设规范《老旧住宅小区消防改造技术标准》DG/TJ 08—2409 和《文物和优秀历史建筑消防技术标准》DG/TJ 08—2410 的有关规定执行。

本标准中的灭火系统,不但包括了室内外消火栓系统、自动喷水灭火系统等传统水灭火系统,还对氮气灭火系统、自动跟踪定位射流灭火系统、探火管灭火装置和超细干粉自动灭火装置提出了规定和细化要求。其他灭火系统和装置,按照国家现行对应标准执行,不在本标准适用范围内。

1.0.3 《中华人民共和国建筑法(2019年修正)》第四条规定:"国家扶持建筑业的发展,支持建筑科学技术研究,提高房屋建筑设计水平,鼓励节约能源和保护环境,提倡采用先进技术、先进设备、先进工艺、新型建筑材料和现代管理方式。"

作为民用建筑灭火设施的设计,在遵循国家基本建设和消防工作的有关法律法规、方针政策的同时,还应在设计中密切结合保护对象的使用功能、内部物品燃烧的发热发烟规律和建筑物内部空间条件对火灾热烟气流流动规律的影响,综合进行科学设计,合理设置灭火系统,保证灭火系统安全可靠地启动、有效地进行灭火,力求技术的先进性和经济上的合理性。科技创新同样适合于灭火设施的设计。故设计中提倡新技术、新工艺、新设备的应用,但需做到满足本标准第1.0.1条的要求,同时需提供可靠的技术依据,并有一定的技术措施保证。

当设计采用的技术措施、设备超出本标准的规定时,应提出与本标准合理衔接的技术依据。

1.0.5 消防3CF认证主要包括:对火灾报警、消防水带、自动喷水灭火系统、汽车消防车等产品实施强制性认证;对灭火剂、灭火器、防火门、消火栓、消防水枪、消防接口、消防应急灯具、防火阻燃材料、可燃气体报警设备等产品实施型式认可。考虑到消防产品的质量对于灭火设施的可靠性至关重要,对于灭火设施中的消防水泵、报警阀组等重要设备及附件,宜选用性能好、可靠性强的产品。

1.0.6 本标准是结合本市实际情况,对现行国家及上海市灭火设施相关标准(包括但不限于《消防设施通用规范》GB 55036、《建筑防火通用规范》GB 55037、《建筑设计防火规范》GB 50016、《自动喷水灭火系统设计规范》GB 50084、《干粉灭火系统设计规范》GB 50347、《气体灭火系统设计规范》GB 50370、《消防给水及消火栓系统技术规范》GB 50974、《自动跟踪定位射流灭火系统技术标准》GB 51427、《展览建筑及布展设计防火规程》DGJ 08—2173、《保障性租赁住房设计标准(保障性租赁住房新建分册)》DG/TJ 08—2291B、《保障性租赁住房设计标准(保障性租赁住房改建分册)》DG/TJ 08—2291C、《大型物流建筑消防设计标准》DG/TJ 08—2343、《城市综合体消防技术标准》DG/TJ 08—2408、《老旧住宅小区消防改造技术标准》DG/TJ 08—2409 等)的细化和补充,在前述规范中已经明确的完整条款不再赘述。

3 设置范围

3.1 消火栓给水系统

3.1.1 第5款指建筑屋面、平台、类首层等设计上用于消防救援和消防车停靠的场地。本条综合了现行国家标准《建筑防火通用规范》GB 55037和现行上海市工程建设规范《大型物流建筑消防设计标准》DG/TJ 08—2343、《城市综合体消防技术标准》DG/TJ 08—2408的相关要求,对于设置在非首层、用于满足消防车通行和人员安全疏散要求的平台(道路),应沿平台(道路)一侧设置室外消火栓,消火栓栓口水压不应小于0.1 MPa。

3.1.2 4S店汽车展厅部分按照展览建筑要求设置室内消火栓系统。第3款中剧场、礼堂和体育馆内的活动座位数应计入总的座位数中。第4款中的其他单、多层民用建筑是指未在本条规范内明确说明及涵盖的建筑。

3.1.3 上海市文物建筑和优秀历史建筑较多,根据现行《上海市历史文化风貌区和优秀历史建筑保护条例》要求,部分重点保护部位不允许在其墙体上开洞和设置支架。因此,消防系统的设置情况,应结合历史保护建筑方案及项目情况综合确定,具体见现行上海市工程建设规范《文物和优秀历史建筑消防技术标准》DG/TJ 08—2410。

3.1.4 本条根据现行上海市工程建设规范《城市综合体消防技术标准》DG/TJ 08—2408、《文物和优秀历史建筑消防技术标准》DG/TJ 08—2410、《展览建筑及布展设计防火规程》DGJ 08—2173的相关规定,补充了设置场所。第5款中儿童活动场所、老年人照料设施、残疾人康复训练设施属于提供弱势群体照料功能的建筑,设置消防软管卷盘和轻便水龙可有效提高灭火的及时性。

3.1.6 压缩空气泡沫消火栓系统是一种通过机械方式将压缩空气与泡沫液混合,由消防车通过专用水泵接合器或由固定式压缩空气泡沫灭火装置向专用消防供水立管供水的灭火系统,通常与室内消火栓系统分开设置。城市消防车的供水压力一般为1.0 MPa~1.8 MPa,建筑高度小于或等于150 m的公共建筑,可以通过常规消防装备从外部救援。建筑高度大于150 m的公共建筑,缺乏外部供水灭火的有效手段,且敷设水带时间长、消耗消防队员体力大、存在安全隐患大等因素,因此超高层建筑发生火灾时,可考虑供给压缩空气泡沫。由于压缩空气泡沫中主要为压缩空气,密度较水更轻。压缩空气泡沫的供给高度大大高于水的供给高度,是更适合用于超高层建筑输送的灭火剂。目前的消防车辆也具备了向超高层供给压缩空气泡沫的能力。

3.2 自动喷水灭火系统

本节规定了自动喷水灭火系统的设置范围。为方便标准的使用者对照建筑功能,直接选取对应的系统形式,本标准中按照主要建筑功能分类展开编写,涵盖了常见的建筑功能类型。对于建设项目中出现新业态或者本标准中建筑功能名称未能覆盖的情况,应按照现行国家标准《建筑防火通用规范》GB 55037、《建筑设计防火规范》GB 50016 的规定,分析火灾类型和危险性、扑救难易程度等因素,综合判定,选择适合的系统形式和设置范围。

3.2.1 本条第 3 款,公共部位是指公共走道、前室、消防前室、电梯厅、连通电梯的封闭外走廊等公共活动和公共安全疏散的地方。保障性租赁住房按照现行上海市工程建设规范《保障性租赁住房设计标准(保障性租赁住房新建分册)》DG/TJ 08—2291B、《保障性租赁住房设计标准(保障性租赁住房改建分册)》DG/TJ

08—2291C 的要求执行。

3.2.2 本条规定了老旧住宅消防改造时应遵循的原则,老旧住宅是指 2000 年以前的住宅,老式砖木结构居民住宅是其中的一种,本条参照了现行上海市工程建设规范《老旧住宅小区消防改造技术标准》DG/TJ 08—2409 的要求。

3.2.3 本条规定了办公建筑、电信楼、财贸金融楼、广播电视楼、电力调度楼、邮政楼、防灾指挥调度楼、图书馆、书库、科研楼、档案楼、教学楼及类似功能建筑的自动喷水灭火系统设置要求。第 1 款的要求高于现行国家标准《建筑防火通用规范》GB 55037 的规定,比较一类高层建筑和二类高层建筑设置自动喷水的区域差异在于主要的设备机房(主要包括水泵房、中水及雨水回用机房、空调机房、防排烟机房等),当建筑主要部位已经设置自动喷水灭火系统时,增加这些区域的自动喷水布置不会对造价有较大影响,但却可以有效提高建筑的整体灭火安全防护等级,故规定了以上功能的高层建筑需要设置自动喷水灭火系统。第 2 款的要求高于现行国家标准《建筑防火通用规范》GB 55037 中"大于 3 000 m^2 时设置",是延续了原标准的要求。第 3 款中邮政建筑内具有邮件处理和邮袋存放功能的区域,按照厂房标准设置自动灭火系统。

3.2.4 当建筑功能与本标准第 3.2.3 条规定一致,建筑面积大于 300 m^2 但小于或等于 1 000 m^2 且设有送回风道(管)的集中空气调节系统时,办公及公共部位采用自动喷水局部应用系统。当送回风道(管)完全不穿越建筑分隔墙,只在本单元内布置时,可不设置。

3.2.5 营业性餐厅可计入商业建筑范围,配套厨房面积应包括在餐厅面积之内。本条文说明同样适用于本标准第 3.2.6 条。

3.2.6 本条中所指建筑面积为总面积,不是划分单元的面积。

3.2.7 本条所指简易自动喷水灭火系统,不同于国家标准《自动喷水灭火系统设计规范》GB 50084—2017 中的局部应用系统,其适用范围为尚达不到局部应用系统设置条件，根据上海消防特点和灭火实践，需要设置自动喷水灭火系统控火的场所。

3.2.8 剧本娱乐活动场所主要是指以"剧本杀""密室逃脱"等为代表的现场组织消费者扮演角色完成任务的剧本娱乐经营场所，其营业执照的经营范围登记为"剧本娱乐活动"。歌舞娱乐放映游艺场所的设置部位应包括音控室、KTV 包房、茶水间、食品制作间、走道等公共部位。

3.2.13 根据现行国家标准《民用建筑设计术语标准》GB/T 50504，医疗卫生建筑是指对疾病进行诊断、治疗与护理，承担公共卫生的预防与保健，从事医学教学与科学研究的建筑设施以及其辅助用房的总称。

3.2.17 除了变配电房等不宜用水保护或灭火的场所，根据现行上海市工程建设规范《文物和优秀历史建筑消防技术标准》DG/TJ 08—2410 的规定，近现代文物建筑和优秀历史建筑中有传统彩绘、壁画、泥塑等有特色价值要素的部分不应设置自动喷水灭火系统。

3.2.19 敞开式车库一般不用设置喷淋，当敞开式车库每个防火分区的最大允许建筑面积超过规范要求，设置自动喷水灭火系统时，防火分区面积可扩大 1 倍。

3.2.20 活动座位应计入总的座位数中。

3.2.21 活动座位应计入总的座位数中。

3.2.25 城市综合体内的自动喷水灭火系统设置，应按照现行上海市工程建设规范《城市综合体消防技术标准》DG/TJ 08—2408 的相关规定执行。

3.2.27 第 1 款要求来自住房城乡建设部、公安部和国家旅游局联合下发的《农家乐（民宿）建筑防火导则（试行）》的相关规定，其中的人数应由建筑专业提供，可按照建筑消防疏散宽度可以允许的人数来确认。

3.2.28 本条所指"所有部位"，按照国家标准《建筑防火通用规范》GB 55037—2022 第 8.1.8～8.1.10 条的条文说明"条文中未明确具体部位或场所的,要求该建筑全部设置自动灭火系统,但其中不适用设置自动灭火系统的部位或可燃物很少的部位可以不设置"可知,无可燃物的楼梯间、管道井等位置可以不包括在内。

屋顶单独设置的风机房、水泵房等设备间,当不计入建筑高度及建筑层数时,可不设置喷头;常温溜冰场和季节性游泳池等可能用于商业等人员密集活动等其他用途时,应设置自动喷水灭火系统。

3.3　自动跟踪定位射流灭火系统

本节规定了自动跟踪定位射流灭火系统的适用场所。自动喷水灭火系统在一定高度范围内具有相当的灭火优势,该系统简单、可靠、经济。对于净高不大于 12 m 的高大净空场所,应优先选用自动喷水灭火系统。本节比现行国家标准《自动跟踪定位射流灭火系统技术标准》GB 51427 中的要求有一定程度提高。

3.4　其他灭火系统及装置

3.4.2　第 8 款影像中心机房包括 CT 室、MR 室、DR 室、X 光室、数字肠胃室、钼钯室、乳腺室等房间;核医学科机房包括 PET 机房、ECT 机房、PET/CT 机房等房间;放射治疗机房包括直线加速器机房、模拟机房等。这些设备房间人员不经常进入,可设置气体灭火。本条第 9 款的特殊重要设备,主要指设置在重要部位和场所中,发生火灾后将严重影响生产和生活的关键设备。例如:高层民用建筑内的高、低压变配电室(间)或设置在地下室为高层建筑服务的变配电室(间)。

3.4.3 探火管灭火装置是一种新型的灭火设备,适用于应设置自动灭火系统但设置条件有困难的场所、大空间内应设置自动灭火系统保护的小型封闭型设备、其他需重点防护的小型封闭型设备或空间。采用探火管灭火装置,可由原来对较大空间的房间保护改为直接对各种较小空间贵重设备进行重点保护,而不必采用大型自动灭火系统保护整个空间的方法来实现。

3.4.4 《建筑高度大于 250 米民用建筑防火设计加强性技术要求(试行)》(公消〔2018〕57 号)规定"电梯机房、电缆竖井内应设置自动灭火设施"。现行国家标准《消防设施通用规范》GB 55036 和《建筑设计防火规范》GB 50016 也有类似的规定。某些特定场合不适宜采用水灭火系统但仍需要采用自动灭火系统时,可采用超细干粉自动灭火装置。

现行消防救援行业标准《干粉灭火装置》XF 602 是干粉装置生产、检验的唯一标准,当需要用于高层建筑的强弱电间、电梯机房灭火时,一般采用超细干粉自动灭火装置。超细干粉灭火剂是 90% 粒径小于或等于 20 μm 的固体粉末灭火剂,灭火效能值优于普通干粉灭火剂,且具有易流动、防潮、防结块的性能。超细干粉自动灭火装置在全国有近 20 个省市有地方标准,名称包括脉冲干粉自动灭火装置、脉冲超细干粉灭火系统、脉冲超细干粉灭火装置、超细干粉自动灭火装置、悬挂式干粉灭火系统、悬挂式干粉灭火装置、超细干粉灭火系统、超细干粉无管网灭火系统、固定式燃气型干粉灭火系统等。

超细干粉自动灭火装置的工作原理:当该装置接收到探测启动组件、感温玻璃球或热敏线传递的温度信号时,装置内的惰性气体或固态气体发生剂迅速产生膨胀的气体,将底部密封的铝箔冲破,并将超细干粉迅速送入火场,在保护区范围内形成全淹没状态,火焰在干粉的物理、化学作用下被扑灭。

超细干粉自动灭火装置适用于建筑面积小、相对密闭的场所。某品牌常规规格标称保护体积(样品按标准的测试方案得出的保护体积)见表1。

表 1　超细干粉自动灭火装置标称保护体积

单具干粉计量(kg)	标称保护体积(m^3)
4	30
6	42
8	56
10	70

4 消防给水

4.1 一般规定

4.1.1 上海地区城市中心城镇给水管网已基本做到环状供水，消防水源可靠性较高。针对本市城市中心的城镇给水管网特点，采用城镇给水作为消防水源是合理的。

市政供水条件薄弱地区的建设工程项目应根据所在区域的给水管网供水情况，确定消防给水水源。当给水管网供水能力无法满足室内、室外消防用水量时，需要采用天然水源或消防水池供水。

4.1.2 现行行业标准《二次供水工程技术规程》CJJ 140 规定"二次供水设施应独立设置，并应有建筑围护结构"，明确"二次供水设施不得与再生水、消防供水、供热空调等系统直接连接"。现行上海市工程建设规范《住宅二次供水技术标准》DG/TJ 08—2065 规定，生活用水水箱应与其他用水水箱分开设置。故本条明确室内消防给水系统应与生活、生产给水系统分开设置。经水泵加压后的供水管在室外埋地敷设时，也应按室内管道考虑，并应按本条规定执行。

4.1.3 建筑小区的室外生活、消防合用管道时，设计流量计算应符合现行国家标准《建筑给水排水设计标准》GB 50015、《消防给水及消火栓系统技术规范》GB 50974 的相关规定。

4.2 消防水源

4.2.1 本条规定了两路供水的基本性能及可靠性要求。根据

《上海市供水规划（2019—2035 年）》，上海规划形成"1 网、2 区、39 厂"的供水总体布局，构成了具有上海特色的供水管网体系。结合多年的工程项目实践，当满足下列规定之一时，也可视为两路供水：

　　1 在同一条道路上由两根城镇给水管道分别接入引入管。

　　2 当两根引入管之间的城镇环状给水管道上具备加设检修阀门的条件时，在同一条道路上从该给水管道检修阀门两侧分别接入一根引入管。

　　在环状管网的同一侧管道通过检修阀门分隔成不同的管段，在检修阀门两端分别设引入管，可以避免市政管网局部管路检修或中断导致无水情况的发生。

4.2.2 本条对工程项目应设消防水池的情况作出了规定。

　　第 1 款 生产用水指民用建筑生活用水量以外的给水，如循环冷却水给水等。消防水池的有效容积设计及计算应符合现行国家标准《消防给水及消火栓系统技术规范》GB 50974 的相关规定。

　　城市综合体的消防设计，还应符合现行上海市工程建设规范《城市综合体消防技术标准》DG/TJ 08—2408 的相关规定。

4.2.3 本条参考现行国家标准《消防给水及消火栓系统技术规范》GB 50974 的规定编制。

　　天然水源可作为一种加强措施，有特殊要求时可以采用。取水场地主要包括消防车道、回车场或回车道、取水设施设置场地等。取水设施主要包括消防取水码头、消防泵取水平台、消防取水井、干式消防固定供水系统等。

　　消防水源水质要求"无污染、无腐蚀、无悬浮物"，当采用天然水源时，取水设施处应有防止纤维物或其他悬浮物堵塞管道及消防设施的措施。

4.2.4 高位消防水箱的有效容积设计应符合现行国家标准《消防给水及消火栓系统技术规范》GB 50974 的相关规定，包括有效容积设计、水池(箱)构造(分格)设计、补水管管径设计等要求。

商店建筑设高位消防水箱的总建筑面积与现行国家标准《消防给水及消火栓系统技术规范》GB 50974 略有不同,本标准规定的大于 3 000 m² 设高位水箱是参考《关于发布〈大中型商场防火技术规定〉的通知》(沪消发〔2004〕352 号)编制,该规定所称的大中型商场,是指建筑面积大于 3 000 m²(含)的下列建筑和场所:百货商店、购物中心、超市(包括仓储式商店、大卖场)及服装、装潢、家具、建材等可燃物较多的室内市场。

当采用高压消防给水系统时,高位消防水池(箱)储存的室内消防用水量应按现行国家标准《消防给水及消火栓系统技术规范》GB 50974、《自动喷水灭火系统设计规范》GB 50084 的相关规定进行确定。

4.2.7 目前上海消防救援部门装备的常规消防车垂直供水能力一般不超过 150 m,管道的公称直径宜为 DN100。高区加压泵或二、三级转输泵的吸水管和出水管上应分别设手抬泵吸水接口和出水接口。考虑当前上海消防救援部门的实际装备情况,供手抬泵或移动泵使用的吸水管宜采用 KYK90 卡式管牙雄接口,出水管宜采用 KYKA65 卡式管牙雌接口。

4.2.8 上海地区一般不采用地下式消防水泵接合器。水泵接合器不应安装在玻璃幕墙正下方。当在玻璃幕墙处设侧墙式水泵接合器时,应在其上部设置宽度大于或等于 1 m 的防护挑檐或在间距大于或等于 30 m,且距建筑外墙小于 40 m 范围内设置第二处水泵接合器。

4.2.9 每栋建筑附近的消防水泵接合器数量,需确保该栋建筑涉及的每个消防给水系统至少有 1 套,多栋建筑合用临时高压给水系统时,在 5 m～40 m 范围内相邻建筑水泵接合器可计入。每个系统配置的水泵接合器总数应按设计流量经计算后确定。当计算数量大于 3 个时,可根据供水可靠性适当减少。

4.3 消防用水量

4.3.1 现行国家标准《消防给水及消火栓系统技术规范》GB 50974 明确规定了消防用水量的计算方法和计算公式,应严格执行。可成组布置的建筑只适合特定建筑,如满足一、二级耐火等级的多层住宅建筑或办公建筑,且每组建筑占地面积总和及组内或组与其他相邻建筑物之间的间距需满足现行国家标准《建筑设计防火规范》GB 50016 的相关要求。是否为成组建筑由建筑专业明确。

4.3.2 当单座建筑内不同使用功能场所之间的防火分隔满足现行国家标准《建筑防火通用规范》GB 55037 和《建筑设计防火规范》GB 50016 的相关规定时,不同使用功能场所的室内外消防系统设计流量和火灾延续时间可分别进行计算,取最大值。

当同一防火分区内同时设有自动喷水灭火系统和自动跟踪定位射流灭火等系统时,若 2 个或 2 个以上系统存在同时作用,消防用水量应按 2 个或 2 个以上系统设计流量叠加计算;若不同时作用,则消防用水量取 2 个或 2 个以上系统设计流量最大者。

4.3.3 本条综合现行国家标准《消防给水及消火栓系统技术规范》GB 50974 规定编制。根据上海市火灾的情况以及实际建设的超高层等设计实例,对同一建筑或采用集中消防给水系统的建筑群均按同一时间内一次火灾次数设计。单座建筑的总建筑面积＝地上各栋的建筑面积之和＋地下室的总建筑面积。地下室投影线范围内的所有建筑(含地下室)统称为单座建筑;地下室上方的独立建筑称为单栋建筑。当单座建筑的总建筑面积大于 500 000 m² 时,建筑物的室外消火栓设计流量应增加 1 倍。室外消火栓用水量按本标准表 5.2.1 计算,其值与国家标准《消防给水及消火栓系统技术规范》GB 50974—2014 表 3.2.2 不一致时,应取其较大值。

4.4 系统形式

4.4.1 重要建筑应分别设置消防泵,采用独立的管道系统。对于二类高层及单、多层建筑,考虑经济性,可以合用。

4.4.3 建筑高度 120 m 以下建筑,一般可采用一泵到顶的供水方式,控制消防系统管网和配件的系统工作压力在 2.40 MPa 以下。

4.4.4 建筑高度大于 120 m 的建筑,其消防给水系统工作压力可能大于 2.40 MPa,考虑管道的承压能力和系统经济性,采用消防泵串联或减压水箱分区供水较合理。其中消防泵串联给水方式有两种:一种是消防水泵直接串联;另一种是消防水泵通过消防转输水箱串联。当建筑高度大于 200 m 时,可采用高压消防给水系统。多栋超高层建筑组成的建筑群,需经过技术经济分析,确定各栋建筑消防给水分区形式。

4.4.5 本条参照《建筑高度大于 250 米民用建筑防火设计加强性技术要求(试行)》(公安部公消〔2018〕57 号)的规定。

4.4.6

第 1 款 中间水箱包括转输水箱、分区高位消防水箱和减压水箱。中间水箱宜分成 2 格。

第 3 款 采用消防泵直接串联的给水系统,火灾初期小流量运行时,上、下区消防水泵均存在超压现象。为防止止回阀不严密时,导致下区水泵回流压力大于其工作压力而超压,串联消防水泵出水管上应设置减压型倒流防止器。

第 4 款 消防转输泵也属于消防泵。转输泵不应少于 2 台。

第 6 款 不同楼层中间水箱溢流排水可以采用每级断接方式,间接排至下级中间水箱,或设置水箱专用排水管连接每一级中间水箱溢流排水,水箱专用排水管直接接至底部消防水池排放。

第 7 款 减压水箱既有高位消防水箱的作用又兼具消防水池

的功能,故应遵守高位消防水箱和消防水池的所有规定。减压水箱可以与转输水箱合并设置。减压水箱进水管应防冲击,在进水管上设减压、消能措施。当减压水箱进水管压力大于 0.60 MPa 时,宜设减压措施。减压阀处设置的安全阀(或泄压阀)的规格选用应能保证减压阀失效时泄去超压的水量,保证系统安全;减压阀后管道工作压力及阀门压力等级,应大于减压阀后安全阀(或泄压阀)的动作压力值。减压水箱进水管上,宜设置应急自动关闭进水阀,以达到报警联动的目的。阀门平时常开,在水箱超过溢流水位时,由消控中心关闭。应急自动关闭进水阀可采用电动阀或电磁阀。

第 8 款　减压水箱作为高位消防水池高压给水系统的关键组成,应分成 2 格,确保在清洗或检修其中一格时另一格仍能供应消防用水。水箱进出水管管径应保持一致,且均能满足消防给水系统所需消防用水量的要求。

第 9 款　根据消防车厂家提供的资料,按照泵压力的分类,可分为:

1） 低压泵消防车:泵的额定工作压力大于或等于 1.00 MPa,小于 1.40 MPa。

2） 中压泵消防车:泵的额定压力大于或等于 1.40 MPa,小于 2.50 MPa。

3） 中低压泵消防车:泵的低压额定压力大于或等于 1.00 MPa,小于 1.40 MPa;中压额定压力大于或等于 1.40 MPa,小于 2.50 MPa;可低压、中压或中低压联用。

4） 高低压泵消防车:泵的低压额定压力大于或等于 1.00 MPa,小于 1.40 MPa;高压额定压力大于 3.50 MPa,小于等于 4.00 MPa;可低压、高压或高低压联用。

5） 超高压泵消防车:泵的额定压力大于 10.00 MPa,主要用于高压喷雾。

上海市消防车以中低压泵消防车为主,垂直供水高度最大可按照 150 m 考虑。

4.4.7 采用高位消防水池高压供水系统,通常其所服务的水灭火设施距高位消防水池最低有效液位高差约 50 m,对于此段高差内采用临时高压消防给水系统服务区段,根据现行国家标准《消防给水及消火栓系统技术规范》GB 50974 的规定,公共建筑不应小于 36 m³,住宅不应小于 18 m³。高位消防水箱最低有效水位应高于其服务的水灭火设施。

4.4.8

第 1 款 根据现行国家标准《消防给水及消火栓系统技术规范》GB 50974 规定,当消防供水管网为枝状时,其管道上的减压阀组应设备用;当消防供水管网为两路进水环状管网时,其管道上的减压阀组宜为一用一备。

第 2 款 减压阀的设置不会影响屋顶水箱和水泵接合器的工作,故可多区合用。

第 3 款 建筑高度大于 100 m 时,如减压阀采用比例式,当水泵接合器供水时,即使是低区部位,也需要用 2 辆消防车串联供水,不太合理,故建议采用可调式减压阀,可合理控制减压阀后低区系统压力。减压阀最多两级串联。当需采用两级减压阀串联减压分区时,通常采用两级减压阀串联方式或采用防气蚀大压差可调式减压阀。考虑可能发生谐振现象,串联减压阀宜采用比例式减压阀在前加可调式减压阀在后的串联减压方式。比例式减压阀宜垂直安装,可调式减压阀宜水平安装。

第 4 款 限制比例式减压阀的减压比,是为了防止阀内产生汽蚀损坏减压阀,同时减少振动及噪声。当采用防气蚀大压差可调减压阀时,需控制阀前动压与阀后动压之比不应大于 9∶1,减压阀组的出口端应设置泄压阀,阀组后应在干管设置超压报警装置,具体可参考现行中国工程建设协会标准《防气蚀大压差可调减压阀应用技术规程》CECS 442 的相关规定。

5 消火栓系统

5.1 一般规定

5.1.1 上海地区一般室外消火栓由城市管网供应,火灾时由消防车加压。某些地区,如仅有一路市政供水时,当室内外消防给水系统供水压力相近,为减少供水管道,可采用室内室外消火栓系统合用供水形式,但需确保通过水泵接合器接入室内消防管网的水不回流至室外管网,室内消防给水引入管上应设止回阀,水泵接合器也应连接在止回阀下游管段上。高位消防水箱出水管也要采取防回流措施单独接入室外管网。

5.2 消火栓用水量

5.2.1 表5.2.1综合了现行国家标准《消防给水及消火栓系统技术规范》GB 50974和《汽车库、修车库、停车库设计防火规范》GB 50067以及《电动自行车集中充电和停放场所》DG/TJ 08—2451对建筑物室外消火栓设计流量的规定。

5.2.2 综合楼的术语源于原国家标准《高层民用建筑设计防火规范》GB 50045,现行国家标准《建筑防火设计规范》GB 50016已无综合楼的概念,但其在其他防火设计规范中依然沿用。住宅与表5.2.2中任何一种其他用途的建筑合建不属于综合楼。在现行国家标准《综合医院建筑设计规范》GB 51039中对综合医院的定义,是指有一定数量的病床,分设内科、外科、妇科、儿科、眼科、耳鼻喉科等各种科室及药剂、检验、放射等医技部门,拥有相应人员、设备的医院。根据现行国家标准《建筑设计防火规范》

GB 50016 解释,建筑内有几种用途判定标准为:看不同使用性质的房间是否属于同一用途服务的配套用房,若是就可以认定为同一用途。除高层医院外,当综合医院内设置为医疗配套的商业服务网点、商铺和餐厅等非医疗用途的楼层时,仍属于同一用途服务的配套用房,火灾延续时间可按 2.00 h 取值。当合用消防系统的高层建筑或园区内同时设有医院及非医疗用途商业服务网点、商铺和餐厅等建筑功能时,符合"综合楼"的定义,火灾延续时间应按 3.00 h 取值。老年人照料设施的火灾延续时间参照医疗建筑执行。

现行国家标准《建筑设计防火规范》GB 50016 已无高级宾馆定义,由于现行国家标准《消防给水及消火栓系统技术规范》GB 50974 实施时,原《高层民用建筑设计防火规范》GB 50045 尚未作废,故表 5.2.2 中高级宾馆可仍按原《高层民用建筑设计防火规范》GB 50045,解释为具备星级条件且设有空气调节系统的旅馆。多层和建筑高度小于或等于 50 m 的高级宾馆,火灾延续时间取 2.00 h;建筑高度大于 50 m 的高级宾馆,火灾延续时间按 3.00 h 取值。

当工程中不同使用功能场所之间的防火分隔符合现行国家标准《建筑设计防火规范》GB 50016 的相关要求时,不同使用功能场所的火灾延续时间可分别进行计算并取较大值确定。

5.2.3 是否设置室内消火栓系统,应根据本标准第 3.1 节相关条文确定。地下室体积参照地下建筑取值。地下建筑和建筑地下室是两个不同概念,建筑地下室是指附建在建筑物地面以下用于建筑物配套设施的那部分建筑;而地下建筑是指独立建造的地下建筑物,通常位于广场、绿地、道路、贴邻、停车场、公园等用地下方。为地下建筑服务的地上建筑面积应计入地下建筑内。当一座建筑必须设置室内消火栓系统时,在建筑内设有多种使用功能且各种功能在防火分隔完善的情况下,可以按各种功能分别计算室内消防用水量,并取其中最大值。

5.3 室外消火栓系统

5.3.1 上海为非严寒地区,采用地上式消火栓可方便火灾现场识别和使用。根据上海消防救援部门的实际装备情况,上海很少使用 DN150 的栓口,故统一采用 1 个 DN100 和 2 个 DN65 的栓口。

5.3.2 室外消火栓主要是满足室外消防灭火的需要,同时也有向水泵接合器供水的功能,但不存在要与水泵接合器一一对应的关系,水泵接合器也可通过消防车从市政消火栓接水。但是室外消火栓位置确定时需要考虑与水泵接合器的间距,每个接合器的 15 m~40 m 距离内应有消火栓,而该消火栓是可以被水泵接合器共用的。上海地区室外给水管网布置丰富、水源充足,且室外消火栓主要是提供室外消防用水量的,故在满足保护范围内,可将市政消火栓计入。

5.4 室内消火栓系统

5.4.2 表 5.4.2 中高层(高架)库房是指超市仓储用房。

5.4.3 消火栓栓口动压需要控制在不小于 0.35 MPa 的高层建筑、高层(高架)库房以及室内净空高度超过 8 m 的场所,根据现行国家标准《室内消火栓》GB 3445 提供的Ⅰ、Ⅱ、Ⅲ型减压稳压消火栓检测项目结论摘录,目前Ⅱ、Ⅲ型减压稳压消火栓执行《室内消火栓》GB 3445 的产品规定,且能满足栓前栓后的压力要求,即当栓前动压大于 0.70 MPa 时,减压稳压消火栓出口压力可以满足不小于 0.35 MPa 的规范要求;但当栓前动压为 0.50 MPa~0.70 MPa 时,减压稳压消火栓出口压力为 0.25 MPa~0.40 MPa,无法满足规范要求。当栓前动压为 0.50 MPa~0.70 MPa 时,可采用减压孔板或者满足减压后压力可以达到 0.35 MPa 的减压稳压消火栓。

5.4.4

第2款 民用建筑设置的屋顶停机坪如要求按现行行业标准《民用直升机场飞行场地技术标准》MH 5013的相关规定设计直升机停机坪,则该停机坪应按《民用直升机场飞行场地技术标准》MH 5013的相关规定设置泡沫消火栓消防给水系统。如该建筑仅配置直升机悬停坪,则无需设置泡沫消火栓及给水系统。

2003年上海市人民政府令第12号《上海市城市规划管理技术规定(土地使用建筑管理)》提出,局部突出屋顶的瞭望塔、冷却塔、水箱间、微波天线间或设施、电梯机房、排风和排烟机房以及楼梯出口小间等辅助用房占屋面面积不大于1/8者可不计入容积率。现行国家标准《建筑防烟排烟系统技术标准》GB 51251规定,屋顶排烟风机、加压送风机房与其他通风机、空调机合用机房内应设置自动喷水灭火系统。故本条规定,除屋顶排烟风机、加压送风机与其他通风机、空调机合用机房,或设有集装箱变配电间以及冷却塔附近应设置消火栓外,其余屋顶层不计入建筑容积率、局部突出屋顶的设备机房等处可不设置消火栓。当屋顶排烟机房与通风机房不合用时,屋顶可仅设试验消火栓。

设备层和管道层的含义不同,设备层布置设备和管道,空间高度上考虑人员通行;而管道层只布置管道,可不考虑人员站立通行,其高度往往小于2.2 m,不计入建筑面积。故对于设备层和考虑人员站立通行的管道层,应设置消火栓;对于层高小于2.2 m且人员无法站立通行的管道层,可不设消火栓。

第4款 由于冷库常年处于低温高湿环境,冷库内发生火灾的概率较小,并且初期火灾蔓延可控,因此在冷库的冷藏间内可不布置消火栓,但在冷库穿堂及楼梯间内设置的消火栓要满足其所在场所两股水柱的要求。直流开花喷射方式的实现是通过在栓口配置旋转枪头防护套来达到直流水柱、开花水流、雾状水流及枪膛高压冲洗多种喷射方式切换,水枪喷口前端设有喷雾牙轮可以使雾状更细化,呈伞形状时能吸收热量和吸附烟尘,能降低热辐热量,从而保护消防战士人身安全。

第8款 住宅在前期方案阶段应充分考虑消火栓的设置位置并复核其保护距离。现行国家标准《消防给水及消火栓系统技术规范》GB 50974未涉及可采用双阀双出口消火栓。两个消火栓装在同一个地方,包括双立管双栓(每根立管接出一个消火栓)均会降低消火栓系统的安全性,故住宅仍应采用单立管单栓。

第9款 汽车库、停车库内设置的消火栓,应保证消火栓箱水平投影在划定车位范围以外,且不能占用车道净宽。消火栓应在正常停车状态下便于操作,不应设置在车位尾部。当确有困难时,消火栓箱可设置在靠近汽车通道的柱子背面,但应于车行道侧增设文字标识并设置指示其位置的发光标志。

第10款 合用室内消火栓系统的建筑群,宜在每个单体建筑屋顶均设置试验消火栓。

第14款 同一建筑物内应采用统一规格的消火栓、水枪和水带,水带应采用有衬里型。采用旋转型室内消火栓时,应明确旋转型室内消火栓旋转部位的材料须采用铜合金或奥氏体不锈钢等耐腐蚀材料制作,以防止旋转部位在使用中发生锈死。通常采用的带灭火器箱组合式消防柜厚度有 240 mm、200 mm、180 mm、160 mm 等规格,设计可根据土建和装饰嵌墙条件选择,但灭火器箱尺寸必须满足场所所需配置灭火器充装量及数量要求。消火栓嵌墙安装时,应在消火栓后加设相同耐火极限的隔墙,以满足防火要求。

第16款 作为供消防水带穿越的孔洞,其大小和位置要根据具体情况确定。对于设置室内消火栓的前室或楼梯间,可以考虑一条水带穿越的需要,即在从楼梯间或前室进入楼层部位的墙体下部合适位置设置一个直径 130 mm 的圆形孔口,孔洞设置位置及高度应便于消防救援人员操作,穿越孔中心距地面宜为 0.30 m。

5.4.6 室内消火栓系统阀门、管网设置应保证每个防火分区在检修时仍有消防供水。对于必须满足两股水柱同时到达的建筑，其中存在采用竖向成环布置确有困难的场所，如人防防护单元、隧道、机场航站楼、会展等大跨度且上下层功能不同或平面复杂建筑，可采用设消火栓系统供水双立管并在每层接出横管使消火栓管网水平成环布置方式，水平环上各消火栓支管上宜增设阀门，且水平环管上阀门设置应确保每段消火栓的数量小于或等于5个。室内消火栓不超过10个的汽车库、停车库和人防工程，可采用局部独立枝状管网。

5.4.7 采用减压阀分区的室内消防给水系统，减压阀后的管网竖管顶部应设自动排气阀。

5.5 压缩空气泡沫消火栓系统

5.5.1 超高层建筑中压缩空气泡沫的输送方式有以下3种：①压缩空气泡沫消防车（CAFS消防车）连接水泵接合器通过专用管网（干式）向上输送压缩空气泡沫进行灭火；②设置在屋顶层的固定式压缩空气泡沫灭火装置（CAFS）通过专用管网向下输送压缩空气泡沫进行灭火；③设置在超高层建筑的避难层或设备层的固定式压缩空气泡沫灭火装置通过专用管网根据着火楼层位置向上及向下输送压缩空气泡沫进行灭火。方法①和方法②，可用于建筑高度小于或等于200 m时。当建筑高度大于200 m时宜采用方法③配备压缩空气泡沫灭火系统。超高层建筑在配备压缩空气泡沫快速输送系统后，一旦发生火灾，消防救援人员可迅速将CAFS消防车内的压缩空气泡沫快速输送到着火楼层和着火区域进行灭火作业，即便是400 m以上的超高层建筑，也可以通过超高层建筑内部设置的固定式压缩空气泡沫灭火装置，利用快速输送管网，采取固移结合的方式，扑灭建筑内部的初期火灾。

5.5.2 作为水灭火系统的补充，压缩空气泡沫灭火系统的保护范围宜为常规消防车最大垂直供水高度以上的各楼层。发生火灾时,消防队员无需沿楼梯攀登及敷设水带至着火点,只需乘坐消防电梯至着火点的楼层,通过设在消防电梯前室的消火栓连接水龙带,采用压缩空气泡沫进行灭火。设置双阀双出口消火栓,目的是确保有两股水柱能同时到达该层最不利点。当设置有多处消防电梯前室时,可仅在其中1处消防电梯前室设置。

5.5.3　压缩空气泡沫在长距离消防管网输送过程中,管网内压力随输送距离衰减,管网直径对其内部压力建立时间有影响。经试验证明,DN80管网泡沫输送速度较DN100管网更快,且能够更快达到压力稳定状态,较DN65、DN50管网压力损失小。

5.5.5　从已有测试数据看,消防车供水单车单泵可达160 m(极限测试),两车耦合供水可达200 m(极限测试),管材及附件等宜按照公称压力2.50 MPa配置。

5.6　控制与操作

5.6.1

第1款　高位消防水箱上的流量开关应能在管道流速为0.10 m/s~10.00 m/s时可靠启动;流速分辨率为0.000 5 m/s;消防水泵出水干管上设置的压力开关宜设置备用,稳压泵不应与消防水泵共用一组压力开关,压力开关的精度为0.50级。

流量开关、报警阀组的压力开关及水泵出水干管上的压力开关的触发信号应直接启动消防水泵,而非通过联动控制器联动启动水泵。

第2款　消防给水系统启泵信号引入流量开关和压力开关,其目的是保证系统启动的安全可靠性。流量开关的取值,应小于准工作状态时最不利消火栓的出流量,同时需大于系统管网泄漏量。其设定值可结合设置点在现场经调试后确定。当系统设稳压装置时,流量开关的自动启动值宜取3.50 L/s。室外消防给水系统,当由高位消防水箱重力稳压时,高位消防水箱出水管上的流量开关自动启泵流量值宜取 5 L/s。消火栓消防系统若采用仅设高位消防水箱直接稳压,消防泵启泵压力设定值取决于高位消防水箱水位降变化,一般高位消防水箱有效水深为 2 m～3 m,压力开关的灵敏度不足以使其动作;若取消压力开关,则系统启动的安全可靠性下降,故消火栓消防给水系统宜采用稳压泵维持系统的充水和压力。

第 3 款　高位消防水池高压给水系统,当屋顶高位消防水池水位降低至设计低水位(启泵水位)时,转输水泵作为消防泵,直接联动启动各级转输水泵。

第 5 款　采用消防泵直接串联消防给水系统,低区消防泵由其对应区域的消防水泵出水压力开关或流量开关的任一信号动作后直接启动;高区直接串联供水系统中,高区压力开关或流量开关的任一信号动作后,先启动低区消防泵,延时不大于 20 s 后启动高区消防泵。

5.6.3　设有稳压泵的临时高压给水系统,首先确定系统准工作状态时的压力,这个压力值是靠稳压泵的压力来保持的。消防水泵启泵压力设置点处的压力设定值,应小于系统自动启泵压力值,即稳压泵启泵压力,提出的压差 0.05 MPa 是最低要求,据实际调试经验,一般可取 0.07 MPa～0.10 MPa 压差。

5.6.6　一般情况下,消火栓的水带打开出水,消火栓系统出口干管的压力开关和高位消防水箱的流量开关动作,即可直接启动消火栓泵,故当建筑达不到火灾报警系统设置的条件无火灾报警系统时,消火栓箱可不设置消火栓按钮。

5.6.7　根据现行上海市工程建设规范《民用建筑电气防火设计标准》DG/TJ 08—2048 的规定,建筑高度大于 250 m 的公共建筑、建筑面积大于 250 000 m² 的高层公共建筑、建筑面积大于 40 000 m² 的地下或半地下商业,除应按一级负荷供电外,还应设置自备发电机组或第三重市电作为消防用电设备的应急电源。

6 自动喷水灭火系统

6.1 一般规定

6.1.2 本标准是依据现行国家标准《自动喷水灭火系统设计规范》GB 50084,结合上海地区民用建筑的特点、灭火设施的完备程度以及消防救援能力,对国家标准的细化和补充。对应高层建筑,消防分区和减压阀设置要求与消火栓系统一致。

6.1.3 对于科研楼,应详细了解实际开展的科研业务内容,按照对应的火灾危险等级进一步确认。

按经营方式、饮食制作方式及服务特点划分,饮食建筑可分为餐馆、快餐店、饮品店和食堂四类,单独建造的饮食建筑按照表6.1.3规定执行。附建在旅馆、商业、办公等公共建筑中的饮食建筑应按照主体建筑的危险等级确定。

表6.1.3中的冷藏库为民用建筑内的低温/高温冷库,不包括独立建造的冷库建筑。

超级市场(类似于麦德龙、宜家)属于民用建筑,但是其设置自动喷水灭火系统的火灾危险等级应根据其室内净空高度、储存方式以及储存物品的种类确定设计基本参数;最大净空高度超过8 m的情况,其储物和购物环境类似仓储超市,应根据仓储超市的主经营物品,按照仓库危险等级设计。

民用建筑内单间使用面积不大于100 m² 的可燃物附属库房,属于主体建筑配套使用,按照中危险Ⅱ级设置。

剧本娱乐场所(密室逃脱等)、室内游乐场、电竞技场等新业态发展迅猛,由于为了营造效果,这些场所通常使用可燃装修比较多,路线曲折,火灾时危险特性较大,列入中危险Ⅱ级。

6.1.4 喷头的工作压力是标准喷头所需的出水压力,0.05 MPa仅用于水箱初期供水工况的最低压力。

6.1.5 在项目实际操作中,净空高度超过 8 m 的场所较多,火灾蔓延速度快,建筑命名也各有不同,为尽可能覆盖相关功能,本条在国家标准基础上,根据火灾特点进行了补充,以便设计人员更好选择。

6.1.6 当建筑物内各场所的使用功能和火灾危险性存在较大差异时,宜按不同保护对象或不同危险等级分别设置不同的自动喷水灭火系统,并应满足最高火灾危险等级的要求。

6.1.7 自动喷水灭火系统的选择应根据使用场所的情况确定,其技术特性要求见表 2。

表 2   自动喷水灭火系统的种类及使用场所

系统分类		适用场所	技术特性要求
闭式系统	湿式系统	环境温度不低于 4℃ 且不高于 70℃ 的场所	应在开放 1 个喷头后自动启动系统
	干式系统	环境温度低于 4℃ 或高于 70℃ 的场所,如室内冰雪活动场所	灭火系统管网容积不宜大于 1 500 L;当设有排气装置时,不宜大于 3 000 L
	预作用系统(单连锁)	系统处于准工作状态时严禁误喷否则有重大损失的场所	仅由火灾自动报警系统直接控制,火灾时探测器动作应先于喷头动作,系统充水时间不宜大于 2 min
	预作用系统(双连锁)	系统处于准工作状态时严禁管道充水的场所	由火灾自动报警系统和充气管道上设置的压力开关控制,火灾时探测器动作应先于喷头动作,系统充水时间不宜大于 1 min
	重复启闭预作用系统	灭火后必须及时停止喷水,复燃时再次打开阀门,需要减少水渍损失的场所	应设火灾探测装置、启闭控制阀或采用启闭式喷头

系统分类		适用场所	技术特性要求
闭式系统	防护冷却系统	步行街两侧商铺和中庭回廊周围房间,耐火隔热性能达不到耐火极限的防火玻璃及防火卷帘。不得用于防火分区分隔	应在开放1个喷头后自动启动系统。宜采用独立系统,包括水泵、管道及报警阀等附件。按照计算长度内喷头同时喷水计算流量
开式系统	雨淋系统	火灾的水平蔓延速度快、闭式喷头的开放不能及时使喷水有效覆盖着火区域;室内净空高度超过18 m,且必须迅速扑救初期火灾;严重危险Ⅱ级	1) 应设置相应的火灾探测装置或传动管系统; 2) 喷水区域喷头布置应能有效扑灭分界区的火灾
开式系统	防火分隔水幕系统	代替防火分隔墙的局部开口部位,开口尺寸不宜超过15 m(宽)×8 m(高)(舞台口除外)	1) 应设独立的雨淋阀组和水幕喷头或开式喷头,宜采用独立系统,多排启动; 2) 应设置相应的火灾探测装置或传动管系统
开式系统	防护冷却水幕系统	防火卷帘、防火玻璃墙的耐火隔热性能不能满足耐火极限时,单樘防火卷帘或连续防火玻璃墙长度不宜超过15 m	1) 应设独立的雨淋阀组和水幕喷头,宜采用独立系统,单排启动; 2) 应设置相应的火灾探测装置或传动管系统

纸质档案库、磁带介质库及数据机房等一般可属于系统处于准工作状态时严禁误喷否则有重大损失的场所;冷库一般可属于系统处于准工作状态时严禁管道充水的场所;图书馆可属于灭火后必须及时停止喷水,复燃时再喷,需要减少水渍损失的场所;摄影棚、有幕布的舞台葡萄架下部、有易燃材料的景观展厅等一般属于需要采用雨淋系统的场所。

6.1.9 净空高度大于8 m时的干式及预作用系统设置要求,喷水强度应经测试或者试验确定。当采用创新性的技术方法和措施时,应进行论证并符合消防性能的要求。

6.1.11 城市综合体是指建筑面积大于或等于 50 000 m²,集 2 种或 2 种以上功能于一体的单体公共建筑,及通过地下连片车库、地下连片商业空间、下沉式空间、连廊等方式连接的多栋公共建筑组合体。在计算城市综合体建筑面积时,不包含住宅、独立设置的办公建筑和地下车库部分。

根据《上海市消防救援总队关于本市消防设施物联网系统联网工作的通知》(沪消发〔2021〕2 号)的要求:"消防大数据应用平台应优先接入本市大型商业综合体、超高层建筑消防物联网系统数据。"为满足上述要求,应采用智能末端试水装置。智能末端试水装置由压力传感器、流量计算模块、中央处理器、电动阀、试水喷嘴、保护罩、压力表及信号处理模块组成,用于检测自动喷水灭火系统末端压力,并可检验系统启动、报警及联动等。智能末端试水装置可实时显示所检测管道的工作压力、放水流量及阀门的开关状态,并可通过系统总线与监控主机保持实时通信,同时系统上可显示末端试水装置所在的位置信息,并满足现行国家标准《自动喷水灭火系统 第 21 部分:末端试水装置》GB 5135.21 的相关要求。

6.2 设置要求

6.2.1 车架内喷头宜前后布置(图 1、图 2)。车架内每个车位的车头和车尾相对布置的边墙型喷头,可采用流量系数 K80 喷头。当只能在单侧布置时,应采用流量系数 K115 喷头。

6.2.3 设有喷淋的地下室排烟、排风、送风、空调等暖通机房,应设置自动喷水灭火系统。位于屋顶区域,独立设置的排烟机房内可不设置自动喷水灭火系统。

6.2.5

第 2 款 厨房、蒸汽洗衣房、锅炉房、热交换机房、直燃机房等场所使用时环境温度较高,需要采用较高动作温度的喷头。例

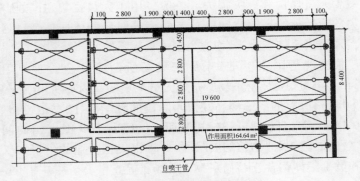

图 1 一层车架自喷布置平面图

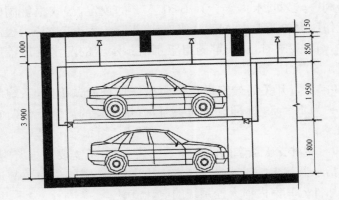

图 2 一层车架自喷安装示意图

如,提供蒸汽的洗衣房等在实际使用时,局部环境温度较高,使用的 68℃ 喷头有误动作的实际案例。

第 4 款 根据上海某项目经验,汽车库入口在上海冬季极端天气情况条件下,30 m 以内有结冻风险。该范围内的喷淋管道应采取保温措施,宜采用易熔金属喷头。

6.2.6 本条规定了快速响应洒水喷头的使用条件。快速响应洒水喷头的优势在于热敏性能明显高于标准响应喷头,可在火场中提前动作,在初起小火阶段开始喷水,可以做到灭火迅速,最大限度减少人员伤亡和火灾损失。一般应用于人员密集、扑救困难、火灾危险性大的高大空间以及老弱病等弱势群体居住活动区域等。采用快速响应喷头，均应为湿式灭火系统。

根据现行国家标准《人员密集场所消防安全管理》GB/T 40248 的规定，人员密集场所是指人员聚集的室内场所，包括公众聚集场所，医院的门诊楼、病房楼，学校的教学楼、图书馆、食堂和集体宿舍，养老院，福利院，托儿所，幼儿园，公共图书馆的阅览室，公共展览馆、博物馆的展示厅，劳动密集型企业的生产加工车间和员工集体宿舍，旅游、宗教活动场所等。

6.2.7 根据现行国家标准《自动喷水灭火系统 第 2 部分：湿式报警阀、延迟器、水力警铃》GB 5135.2 的规定，湿式报警阀的额定工作压力包括 1.60 MPa。当对应管道的额定工作压力也满足 1.60 MPa 要求时，从报警阀组至水流指示器的配水管道承压可按照 1.60 MPa 考虑。

6.2.8 流量开关的最终设定值应根据现场调试确定，系统的最小喷头为 $K=80$ 标准流量喷头时，流量开关的启泵流量值宜为 2.0 L/s。

6.2.9 喷淋支管从室内消火栓系统接出时，不需要设报警阀组、水流指示器和末端试水装置。按一层同时作用的喷头数的流量应叠加计入其室内消火栓系统的设计流量。

6.3 简易自动喷水灭火系统

本节为新增条文。本章的"简易自动喷水灭火系统"不同于现行国家标准《自动喷水灭火系统设计规范》GB 50084 中的"局部应用系统"，其适用范围为尚达不到局部应用系统设置条件，根据上海消防特点和灭火实践，以控火为主要目标，需要设置自动喷水灭火系统的场所。

6.3.1 简易喷淋设置位置是指具有一定的火灾危险性，但按照现行国家及上海标准可不设置喷淋的区域。设置简易喷淋是以控火为目标,可以根据喷头流量和喷头工作压力适当减少喷头间距和单个喷头最大保护面积,以满足喷头强度的要求,但喷头工作压力最小不得低于 0.025 MPa。

6.3.3~6.3.5 参考了《简易自动喷水灭火系统设计、施工、维护暂行技术办法》(沪消发〔2002〕206 号)的相关条文。

6.4 控制与操作

6.4.1 自动喷水灭火系统的控制与操作与现行国家标准《自动喷水灭火系统设计规范》GB 50084 要求一致。

7 自动跟踪定位射流灭火系统

　　本章为新增章节。自动跟踪定位射流灭火系统是近年来我国自主研发的一种新型自动灭火系统。该系统以水为喷射介质，利用红外线、紫外线、数字图像或其他火灾探测装置对烟、温度、火焰等的探测，对早期火灾自动跟踪定位，并运用自动控制方式实施射流灭火。该系统适用于空间高度高、容积大、火场温升较慢、难以设置闭式自动喷水灭火系统的高大空间场所。

7.0.1　在实际项目中，受现状条件影响，如安装的高度小于 8 m，应根据产品的喷水性能曲线，确保安装位置喷水时能对保护区域进行面积全覆盖。

8 其他灭火系统及装置

本章为新增章节。原标准仅规定了"水灭火"相关内容,实际使用中会涉及其他自动灭火系统的选用,例如氮气灭火系统、探火管灭火装置和超细干粉自动灭火装置。为方便设计人员设计选用,增加了本章内容。

8.1 氮气灭火系统

常见应用范围较广的气体灭火系统包括 IG-541 混合气体灭火系统、七氟丙烷灭火系统和氮气灭火系统,前两种在现行国家标准《气体灭火系统设计规范》GB 50370 中已有明确规定,本标准不再赘述。以下条文中规定的氮气灭火系统均称为 IG-100 灭火系统。

Ⅰ 一般规定

8.1.1 中国于 2021 年 4 月 16 日决定接受《〈蒙特利尔议定书〉基加利修正案》,加强氢氟碳化物等非二氧化碳温室气体管控。七氟丙烷作为 18 种受控物质之一,大气中存留寿命(ALT)长达 34 年,全球变暖潜能值(GWP)高达 3 350(排放到大气中造成的温室效应相当于同重量二氧化碳的 3 350 倍),将被逐步淘汰;而以 IG-541、IG-100 为代表的惰性气体灭火系统使用频率会成为主流。IG-100 灭火系统近年来在国内民用建筑消防灭火领域使用越来越广泛,其中以 15 MPa、20 MPa 两种储存压力为主;国际上,IG-100 灭火系统多采用 20 MPa、30 MPa 两种储存压力。关于 30 MPa 储存压力的 IG-100 灭火系统,目前国内的民用建筑领域基本未见使用，本标准采用的设计储存压力为 20 MPa。

8.1.3 本条主要参照了现行国家标准《气体灭火系统设计规范》GB 50370 中的内容。氮气灭火系统还可适用于数据机房、贵重设备间、图书馆及档案馆、洁净厂房、石油化工、精密仪器、文物、带电设备和有人值班的场所。

8.1.4 本条主要参照了现行国家标准《气体灭火系统设计规范》GB 50370 中的内容。因缺乏试验数据，所以仍然保留了气体灭火系统不适用扑救可燃固体的深位火灾的规定。

Ⅱ　系统设计

8.1.13 存储容器的充装量与存储压力、容器大小等有关，也与充装公司的充装设备、充装人员以及充装公司的规定等有关，本条规定的是最低充装值。例如，现行广东省地方标准《氮气灭火系统设计施工及验收规范》DBJ/T 15—47—2022 第 3.2.3 条中规定的充装量为 234.3 kg/m³。

8.2　探火管灭火装置

8.2.1 本条所列的灭火剂是现有的探火管灭火装置产品所使用的，其他未列入国家标准和使用许可的灭火剂应经过论证后使用。

8.2.2 本条规定了探火管灭火装置的应用方式和装置型式。

依据现行国家标准《气体灭火系统设计规范》GB 50370、《二氧化碳灭火系统设计规范》GB 50193、《干粉灭火系统设计规范》GB 50347 和现行行业标准《探火管式灭火装置》XF 1167 的有关规定，并参考市场上的产品特性确定。

直接式探火管灭火装置是将探火管作为火灾探测、装置启动、灭火剂释放部件的灭火装置；间接式探火管灭火装置是将探火管作为火灾探测、装置启动部件，释放管、喷头作为灭火剂释放部件的灭火装置。

8.2.3 选用探火管灭火装置时,采用的系统型式、灭火剂类型、探火管和喷头的布置、灭火剂设计用量等,应与被保护对象火灾特点相适应。

8.2.4 本条规定了全淹没应用方式防护区的最大容积。现行国家标准《气体灭火系统设计规范》GB 50370、《二氧化碳灭火系统设计规范》GB 50193 和《干粉灭火系统设计规范》GB 50347 均按照灭火浓度来确定灭火剂储存容量,并根据市场现有的探火管装置产品的最大充装量来确定防护区最大容积。

二氧化碳、七氟丙烷和干粉灭火剂均比空气重,为防止喷放后下沉从底部流失,规定防护区底面不能有开口,且依据现行国家标准《二氧化碳灭火系统设计规范》GB 50193 和《干粉灭火系统设计规范》GB 50347 的相关要求,规定防护区的开口面积不能大于 1%。

8.2.5 本条是引用了现行国家标准《干粉灭火系统设计规范》GB 50347 的相关规定。

8.2.7 探火管的爆破口形状、方向是不规则和不确定的,对于没有围合结构的保护对象,直接式探火管灭火装置无法保证灭火剂对保护对象的直接喷射和淹没,故本条规定无围合结构敞开局部空间应用方式应采用间接式探火管灭火装置。

8.2.8 本条是依据现行国家标准《气体灭火系统设计规范》GB 50370 和《二氧化碳灭火系统设计规范》GB 50193 的规定制定的。

8.2.10 产品参数(质量证明文件)应按照现行行业标准《探火管式灭火装置》XF 1167 规定的试验方法通过灭火试验取得,并以产品型式检验报告或技术鉴定等符合国家规定的产品质量证明文件确认。不同的产品,其贮存钢瓶容积、贮存压力、喷头喷射强度、探火管和释放管长度等均不同,无法作出统一规定。因此,规定按产品质量证明文件参数确定。

8. 2. 13

第 5 款　容器阀与探火管连接处设检修阀门的目的是便于灭火装置的安装和检修。

第 6 款　防护区外的探火管设置套管保护的目的是避免外力的损坏。

第 7 款　永久性设备铭牌，应标明设备编号、灭火剂名称、充装量、贮存压力、充装日期等，并符合产品标准的要求。

8.3　超细干粉自动灭火装置

8.3.3　安装方式包括壁挂安装和悬挂安装。